15,16

WTFwaffle
SWEET MONDAY
SMOOTH AFTERNOON
VISA
welcome
FREE
WIFI
PICK UP
CODE HERE

CONTENTS

Issue
No.17
—
2024

BANGKOK
—
아유타야
깐짜나부리
암파와 수상시장

WRITER
이지앤북스 편집팀

찻잎을 따는 눈썰미로 글을 고르고, 천천히 그에 맞는 무게와 양감, 표정과 자세를 지어낸다. 다작하지 못하고, 당장의 이익이 크지는 않더라도 권권이 좋은 책을, 내일 부끄럽지 않은 책을 만들어가고 있다.

Tripful = Trip + Full of
트립풀은 '여행'을 의미하는 트립TRIP이란 단어에 '~이 가득한'이란 뜻의 접미사 풀-FUL을 붙여 만든 합성어입니다. 낯선 여행지를 새롭게 알아가고 더 가까이 다가갈 수 있도록 도와주는 여행책입니다.

※ 책에 나오는 지명, 인명은 외래어 표기법 및 통용 표현을 따르되 경우에 따라 태국어 발음에 가깝게 표기했습니다.

PREVIEW : ABOUT BANGKOK

010

WHERE YOU'RE GOING

SPECIAL PLACES

SPOTS TO GO TO

EAT UP

074

LIFESTYLE & SHOPPING

104

PLACES TO STAY

ATTRACTIVE SUBURBS

130

PLAN YOUR TRIP

MAP

GPS traffic record billing meter
3TM
369-G
*Latitude and longitude output
*Automaticaily on time
*Full data output
เวลา
H/M
M/S
ระยะทาง
3TM
TB-369G1
Two unify
Printer meter
ค่าโดยสารFARE
35.
PAID
START
STOP
PRINT
12:38

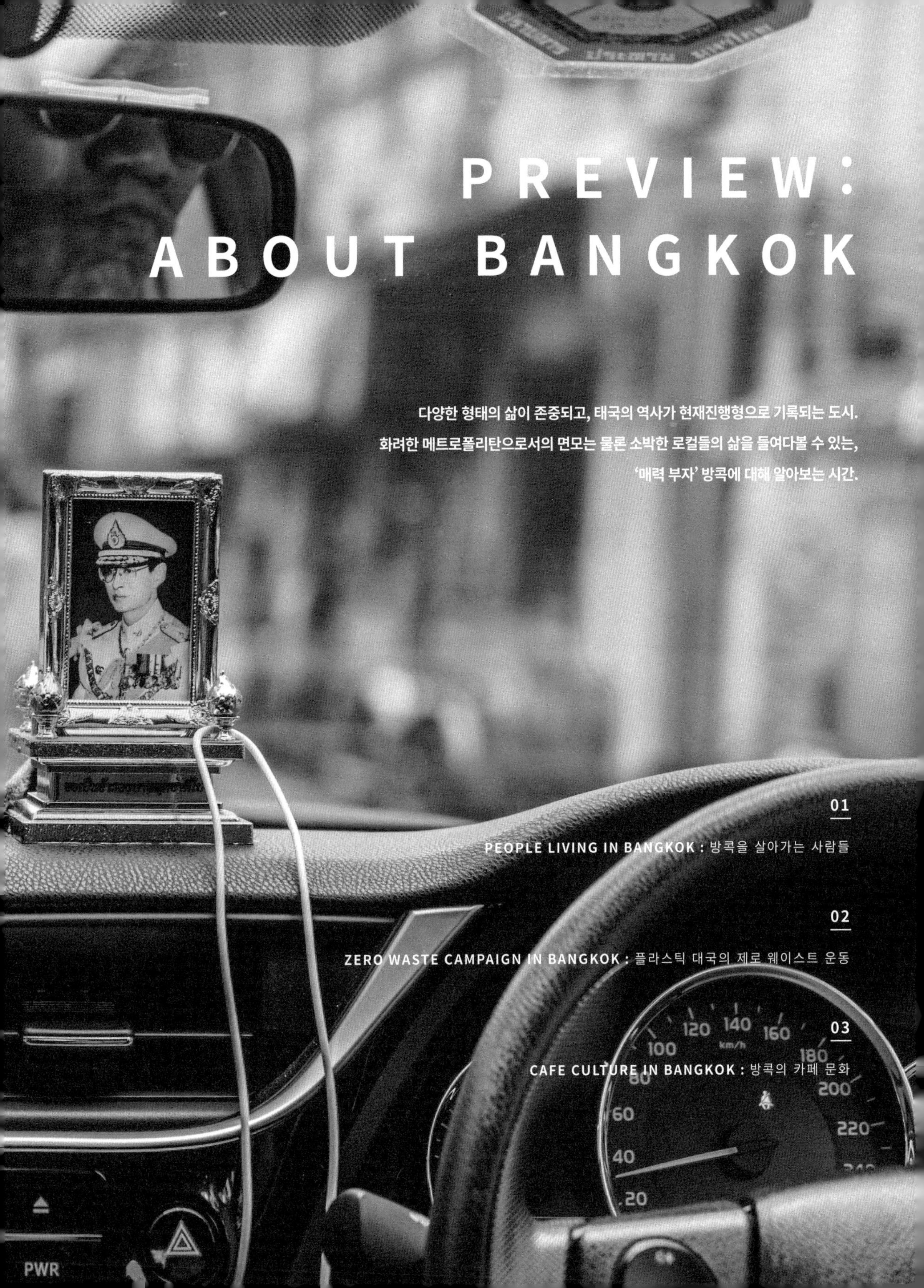

PREVIEW: ABOUT BANGKOK

다양한 형태의 삶이 존중되고, 태국의 역사가 현재진행형으로 기록되는 도시.
화려한 메트로폴리탄으로서의 면모는 물론 소박한 로컬들의 삶을 들여다볼 수 있는,
'매력 부자' 방콕에 대해 알아보는 시간.

••

파란 신호등이 켜짐과 동시에 얽히고 설히며 치고 나가는 자동차와 오토바이 행렬. 장대 같은 비가 쏟아지다 금세 파란 하늘과 뭉게구름이 여백을 채우는 도시, 방콕.

PEOPLE LIVING IN BANGKOK

방콕을 살아가는 사람들

파란 신호등이 켜짐과 동시에 얽히고 설히며 치고 나가는 자동차와 오토바이 행렬. 한낮의 맹렬한 햇볕을 막아선, 위압감 넘치는 고가교. 복잡하고 위험천만하게 꼬여 있는 전선줄들. 장대 같은 비가 쏟아지다 금세 파란 하늘과 뭉게구름이 여백을 채우는 도시, 방콕. 그리고 그곳을 살아가는 방콕커 Bangkoker들의 이야기.

#원래 이름은 '끄룽텝'
이 도시의 정식 명칭은 '끄룽텝'. 사실 풀네임은 이보다 훨씬 긴 67음절인데, 너무 길어서 끄룽텝이라고 줄여 부른다. 국제적으로 '방콕'이란 이름으로 불리게 된 이유는 정확하지 않지만, 지리적인 이유에서 기인한다는 설이 지배적. 태국에서는 보통 큰 강을 끼고 있는 지역에 '방'이라는 글자가 붙는다. 방콕도 짜오프라야강을 끼고 있는 지역에 방콕 노이, 방콕 야이, 방나 등의 지명이 붙었고, 그중 가장 많이 불리던 '방콕'이 이 일대의 대명사처럼 자리 잡아 외국에까지 알려졌다는 것. 물론 어디까지나 로컬의 '썰'이니, 믿거나 말거나.

01.
The Capital of Thailand

태국의 수도, '방콕'을 걷다

라마 1세가 라따나꼬신을 도읍으로 정한 지 약 240년. 그동안 방콕은 태국 역사를 도시 곳곳에 기록해 온, 살아 있는 박물관과도 같은 존재이다. 도시 중심을 지키고 선 금빛 찬란한 왕궁이 고도 古都로서의 매력을, 그 옆으로 펼쳐진 초고층 빌딩 숲이 메트로폴리탄으로서의 면모를 오롯이 보여준다. 방콕을 찾았다면 이 매력적인 도시를 찬찬히 걸어 보자. 태국이라는 나라와 로컬들의 삶을 이해하는 시간이 될 터이니.

#운하의 도시
과거에는 시내 구석구석을 이어주던 운하. 도시가 발전하며 상당 부분이 매립되었지만, 라따나꼬신 일대와 수쿰빗 지역 북쪽은 물론 도심 곳곳에서 운하를 찾아볼 수 있다. 또한, 여전히 이 위를 미끄러지는 보트 '센셉'은 저렴하고 빠른 시민의 발이 되어주고 있다. 방콕을 로컬처럼 둘러보고 싶은가? 그렇다면 센셉을 충분히 이용해 보자.

#세계 최고 最古의 차이나타운
전 세계 차이나타운 중 그 역사가 가장 오래된 것으로 알려진 방콕의 차이나타운은 1782년, 짜끄리 왕조의 탄생과 함께 생겨났다. 이곳은 태국 인구의 10%를 차지하는 타이-차이니즈 커뮤니티의 중심. 그들은 자신들만의 문화를 이어나가면서도 태국 사회에 현명하게 녹아든 모습을 보인다.
세계 대전으로 동남아시아가 모두 공산화되었을 때, 태국 정부는 공산화를 막기 위한 방법으로 중국어 금지령을 내렸는데, 이 규제가 풀린 것은 고작 30여 년 전 강택민 전 중국 주석의 요구 이후다. 이 시기를 보내며 타이-차이니즈는 스스로를 '태국인'이라 칭하게 되었고, 어느 나라의 화교보다도 현지에 잘 스며든 케이스로 여겨진다.

02.
Love and Respect for The King

국왕을 향한 사랑과 존경

동남아시아에서 유일하게 독립을 유지해온 국가, 태국. 태국의 중심에는 시민들이 존경해 마지않는 '국왕'이 있다. 매일 오전 8시와 저녁 6시면 국가가 흘러나오고, 화폐에 국왕의 얼굴이 새겨져 있어 절대 구기거나 낙서하지 않는다. 길을 걷다가도 국왕의 사진을 보면 와이(합장)를 하고, 태국 전역에 설치된 왕실 관련 박물관에서는 그들의 업적을 소개한다.

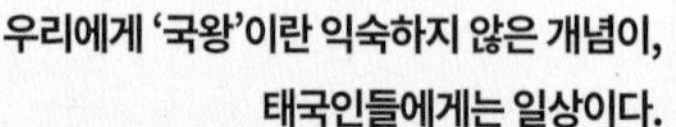

우리에게 '국왕'이란 익숙하지 않은 개념이, 태국인들에게는 일상이다.

라마 9세 푸미폰 아둔야뎃을 소재로 제작된 다양한 서적

#태국의 입헌군주제

방콕은 물론, 태국 여행을 하다 보면 거리 곳곳, 호텔 로비, 백화점, 택시 대시보드 등에 국왕의 사진이 걸려 있는 것을 쉽게 찾을 수 있다. 태국은 과거, 왕이 절대 권한을 가지는 전제군주제였으나, 1932년 입헌 혁명 이래 입헌군주제로 바뀌었다. 일반적으로 입헌군주제는 왕가가 명맥만 유지하는, 허울뿐인 경우가 많지만, 태국은 왕이 직간접적으로 영향력을 행사한다.

#태국은 계층 사회?

태국에는 계층이 존재할까? 정답은 '없지만 있다'이다. 태국은 계층 없는 민주주의 국가이지만, 사회를 깊숙이 파고들면 깊숙이 뿌리박힌 카스트 제도를 마주한다. 왕족을 시작으로 불교계, 군대, 재벌 등이 실질적으로 나라를 움직이며, 선민주의가 팽배하다. 평민은 인생 역전이 힘들며, 사실 내세를 믿는 태국인들은 굳이 현재를 바꾸려고도 하지 않는다. 다만, 21세기에 들어서 젊은 층을 중심으로 돈을 모아 좋은 집, 차를 사고 싶어 하는 사람 늘어나고 있다고.

#가장 존경받은 왕, 푸미폰 아둔야뎃

짜끄리 왕조의 9번째 왕, 라마 9세. 그는 1946년 19세의 어린 나이에 왕위에 올라 2016년 88세의 나이로 서거하기 전까지 무려 70년 126일, 전 세계를 통틀어 가장 긴 기간 재위했다. 재위 초기만 해도 왕권에 힘이 없었지만, 그가 이전 왕들과는 달리 항상 지도와 연필, 그리고 카메라를 들고 전국을 누비는 모습에 국민들은 서서히 신뢰와 존경을 보내기 시작했다. 살아 있는 부처로 여겨지기도 한 푸미폰왕은 국민들의 삶을 그 누구보다 가까이서 들여다보고 민생에 평생을 바쳤다. 그가 세상을 떠나자 태국 국민들은 깊이 슬퍼하며 무려 1년간 애도의 시간을 가졌을 정도. 태국 국민들의 왕실을 향한 존경심을 이해하고 싶다면 그의 발자취를 따라가 보자.

#종교의 자유

많은 사람이 불교를 태국의 국교로 착각한다. 사실, 태국에는 국교가 없다. 그저 국민의 97% 이상이 불교를 믿고, 서력 대신 불기 佛紀를 쓰며, 국왕의 조건 중 하나가 불교 신자일 뿐 누구에게나 종교를 선택할 자유가 주어진다. 일찍이 톤부리 왕조는 관세음보살 사당, 힌두 사원, 가톨릭 모두를 인정했으며, 다음 왕조인 짜끄리 왕조도 미얀마, 말레이시아, 포르투갈 이주민들의 종교적인 시설을 인정했다. 결혼 상대가 나와 다른 종교를 가지고 있더라도 절대 개종을 강요하지 않고, 인정하고 결혼하는 경우가 많다고.

#성별, 성애의 다양성

방콕 시내를 걷다 보면 '남자인지 여자인지' 구분이 안 되는 사람들을 자주 본다. 사실 이러한 성별과 외모에 관한 잣대는 사회가 만들어낸 모습일 뿐. 태국에서는 이러한 잣대 대신 그 사람 본연의 모습을 인정하고 사랑한다. 그렇다면 태국에 트랜스젠더가 많고, 호모 섹슈얼이 많은 것은 어떤가? 이 나라의 특수성인가? 아니다. 그들이 자신의 존재를 숨기지 않고 드러낼 수 있는 사회적인 이해와 존중이 만들어낸 자연스러운 현상일 뿐인 것이다.

#하지만, 야누스 같은 도시

홍콩을 다니며, '홍콩만큼 도시의 명암 차가 심한 곳도 없겠다' 싶었다. 하지만 방콕을 보자 그 생각이 바뀌었다. 방콕이야말로 야누스와도 같은 도시다. 도심 곳곳에 자리한 사원이 정적인 풍경을 자아내는 한편, 그 뒤로는 화려한 유흥가가 펼쳐진다. 또, 누군가는 길에 누워 구걸을 하고 누군가는 초고층 루프톱에서 파인다이닝을 즐긴다. 중간 없는, 강렬한 콘트라스트가 만들어내는 도시의 모습은 때때로 이 컬러풀한 도시가 흑과 백으로 나뉜 듯한 인상마저 준다.

03.
Colorful Bangkok

컬러풀 방콕

"저 불상은 왜 힌두 신의 모습 하고 있나요?"라는 물음에 방콕커가 답했다. "다양한 문화가 혼재된 태국의 모습을 잘 보여주는 예시죠. 태국의 불교는 부처를 힌두 신 중 하나로 보거든요."

••

" 태국은 다양한 문화가 혼재된 도시예요"

04.
Bangkoker's life

방콕커의 삶을 엿보다

로컬의 사고방식을 이해하면, 여행지에서 일어날 수 있는 사소한 트러블도 유연하게 넘기게 된다. 방콕 또한 마찬가지다. 여행 전 우리와는 '다른' 방콕커의 사고의 흐름에 관해 고민해 보자. 또한, 성공에 관한 각박에 시달리는 한국인과 달리 현재를 즐기고, 주변의 사람들을 소중히 생각하는 태국인. 그들의 삶을 들여다보는 것은 앞만 보고 달려가는 우리에게 긍정적인 자극이 될 것이다.

#잠깐 불편해도 괜찮아

통로 거리를 걷다 보면 인도 중앙에 떡 하니 자리 잡고 있는 가로수에 적잖이 당황하게 된다. 이는 태국인들이 나무를 함부로 베지 않기 때문. 심지어 큰 나무에는 천을 감아 서낭당으로 만들어 종교적인 의미를 부여하기도 한다. 길거리의 개와 고양이들도 마찬가지다. 그들이 길바닥에 널브러져 있든, 노상 테이블의 한 자리를 차지하고 있든 방콕커들은 불편해하지 않는다. 불교 신자가 많은 태국에서는 어떤 생명이든 부처가 깃들어 있을 수 있다고 믿어 존중한다.

#화내지 말아요

태국에서는 아주 어릴 적부터 남 앞에서 소리치지 말라고 교육받는다. 그렇게 성인이 된 태국인들은 어떤 일이 있어도 큰소리 내는 일이 잘 없다. 주문한 음식에서 머리카락이 나와도, 비행기가 연착되어도 그렇다. 우리는 불합리한 상황에 놓이면 그것을 표현하는 문화이지만, 그들은 표현하지 않는 문화이다. 이는 같은 종족끼리 싸움이 잦았던 태국인들이 깨달은 '평온한 삶을 살기 위한 지혜'이다. 만일 불편에 대해 노발대발 화를 낸다면 태국인에게는 굉장히 무례한 사람으로 비춰질 것이다. 심하면 주먹 다툼이 벌어질 수도 있으니, 화는 웬만하면 내지 않기로.

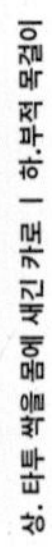
상. 타투 싹을 몸에 새긴 카로 ㅣ 하. 부적 목걸이

#불교와 샤머니즘

태국인 대부분의 생활은 불교를 베이스로 하면서도, 샤머니즘이 자연스럽게 스며들어 있다. 집집이 사당이 있는데 부처뿐만 아니라 조상신, 물의 신 등을 모신다. 그리고 시장을 구경하다 보면 부적 목걸이를 파는데, 행운을 부른다고 하여 많은 사람이 착용한다. 타투도 마찬가지다. '싹'이라고 불리는 팔리어로 된 타투는 부적과 같은 역할을 하는데, 스님에게 받으면 더욱 영험하다고 하여 많은 이가 사찰에서 타투를 받는다. 마지막으로 하나 더. 가끔 차 번호판을 보면 배경이 그림으로 된 것들이 있는데 이는 안전운전 기원과 복을 부르는 역할을 하며, 그 가격이 상당하다고. 같은 의미로 서민들은 차 안에 태국의 국화, 노란색 라차프륵을 걸어두는 경우가 많다.

Himapan

히마판
태국 문화를 좇는 사람

••

'나와 다른 이'를 바라보는 따듯한 시선은 큰 감동이었죠. 그저 어울려 살면 이들이 일원으로 자연스럽게 받아들여 주거든요. 저도 그랬고요.

안녕하세요. 방콕에 이주하신 지도 벌써 30년이 지나셨다고요.
네. 나이 30에 건너와서 벌써 30년이 지났네요. (웃음)

30년간 방콕에 살며 느낀 방콕의 매력을 이야기해 주세요.
방콕 정착 초기에는 태국인들의 삶을 이해하지 못해 자주 부딪혔어요. 하지만 태국인들의 문화와 생활을 배우고, 이해하는 과정에서 서서히 방콕에 빠져들기 시작했답니다. 특히 '나와 다른 이'를 바라보는 따듯한 시선은 큰 감동이었죠. 그저 어울려 살면 이들이 일원으로 자연스럽게 받아들여 주거든요. 저도 그랬고요. 이러한 모습이 방콕의 가장 큰 매력이 아닐까 생각합니다. 그리고 보는 시각에 따라 차이가 있겠지만, 사실 방콕은 역사가 그리 길지 않은 수도인데요. 그 짧은 역사 속에서도 수많은 매력을 보물처럼 숨겨 놓았답니다. 특히, 다양한 종교가 들어왔음에도, 부딪힘이나 억압이 없었기에 그 종교 시설들이 도시 곳곳에 남아 있을 수 있어요. 그것을 찾아다니는 게 이 도시를 더욱 매력적으로 만든다고 생각합니다.

자전거를 타고 시내 곳곳을 참 많이 돌아다니시던데 특별한 이유가 있나요?
숨은 장소와 공부하는 재미 때문이에요. 은퇴를 결정하고 자전거를 타기 시작했는데, 계획을 세우고 일정에 따라 방콕 구석구석을 다니다 보니 지금까지 몰랐던 모습이 보이기 시작했어요. 그렇게 찾은 것들을 정리하는 재미에 빠져서 점점 더 많이 돌아다니게 된 것 같아요. 건강 관리에 도움이 된 건 물론이고요.

방콕을 찾는 한국인 여행자에게 해 주고 싶은 이야기가 있으신가요?
태국이라는 나라를 이해의 시선으로 바라봐 주었으면 합니다. 여기에 살며 국적 불문하고 로컬을 무시하는 사람을 정말 많이 봤어요. 무시하는 이유는 굳이 말하지 않아도 잘 아시리라 생각합니다. 이 도시를 그저 가볍게 훑고 가는 것으로 만족하지 마시고, 조금이라도 더 알고, 바라보고 가셨으면 해요.

마지막으로, 방콕에서 '이곳만큼은 꼭 가 봐라' 하는 곳이 있다면 소개해 주세요.
딸랏 노이(p.047), 그리고 짜오프라야강을 따라 운행하는 짜오프라야 익스프레스(p.140)를 타고 종점인 논타부리까지 다녀오는 코스를 추천합니다. 딸랏 노이는 중국 이주민들이 정착하면서 자연적으로 형성된 동네인데요. 그 안에 태국 문화는 물론이고, 중국의 문화와 유럽의 문화까지 섞여 있어요. 이 문화는 폭발적인 잠재력을 가지고 있다고 생각합니다. 방콕시에서도 이를 보존하기 위하여 힘을 쏟고 있고요.
짜오프라야 익스프레스는 단순히 교통수단을 넘어서, 태국인들의 문화를 경험하는 수단입니다. 왕복 두 시간이면 논타부리까지 다녀오실 수 있어요. 이 두 시간은 변화무쌍한 방콕커들의 삶과 문화를 가장 잘 보여주는 시간이 될 겁니다.

ZeroMoment Refillery 제로모먼트 리필러리

ZERO WASTE CAMPAIGN IN BANGKOK

플라스틱 대국의 제로 웨이스트 운동

전 세계가 플라스틱 & 일회용품 이슈로 골머리를 앓고 있다. 이제는 친환경 시대가 아닌, 필(必)환경 시대라고 했던가. 생존을 위해서라도 쓰레기를 줄여나갈 대책이 필요하다. 일찍이 한국에서는 무상 봉투 제공을 규제하였고, 최근에는 카페 내 일회용 컵 사용 규제를 시작으로 일회용품 사용량 감소를 위한 다양한 로드맵을 제시하고 있다. 그렇다면 '플라스틱 대국'으로 알려진 태국은 어떨까? 태국의 환경보호에 관한 국가와 민간의 관심, 그리고 움직임을 포착했다.

Better Moon cafe x Refill Station 베터 문 카페 x 리필 스테이션

Better Moon cafe x Refill Station 베터 문 카페 x 리필 스테이션

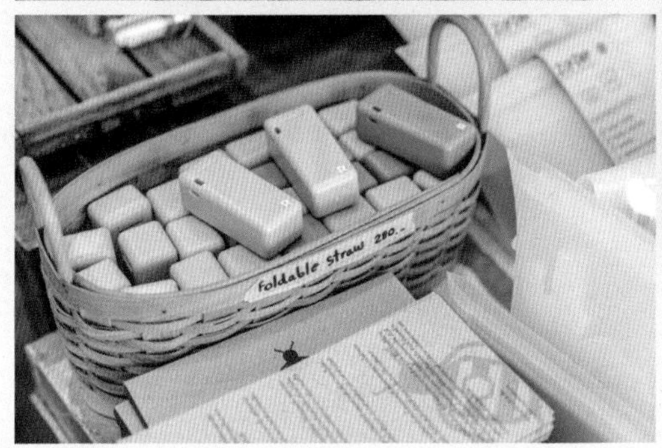

••

방콕의 제로 웨이스트 숍을 방문하는 것은 개인이 실행에 옮길 수 있는 환경보호 운동에 관해 아이디어를 얻고, 생각해 보는 계기가 될 것이다.

#미션: 플라스틱 쓰레기를 없애라

태국은 플라스틱 생산 대국이자 사용 대국이다. 단적인 예로, 태국 전역에서 무분별하게 배포되는 비닐봉지는 1인당 1일 8개. 소비량이 하루에만 총 5억 개, 1년이면 750억 개에 달하는 것이다. 이에 태국 정부와 20여 개의 기업이 2027년까지 플라스틱 쓰레기를 절반으로 줄이는 계획안을 발표했다. 2022년까지 플라스틱 컵과 빨대, 그릇, 비닐봉지 등을 우선적으로 퇴출하고, 2027년에는 최종적으로 100% 바이오 플라스틱 사용만을 허용하겠다는 내용이다. 이러한 발표에 따라 2020년 1월 1일부터 전국 편의점과 대형 쇼핑센터에서 일회용 비닐봉지 제공이 중단되었다. 앞으로 태국의 플라스틱 퇴출을 위한 움직임은 점차 확산될 것으로 예상된다.

#PLASTICFROMPLANTS

방콕의 카페를 다니다 보면 10곳 중 8곳은 종이 빨대나 '#PLASTICFROMPLANTS(식물에서 유래한 플라스틱)'라고 쓰인 빨대를 사용한다. 이 빨대를 만든 건 '플랜타스틱 PLANTASTIC(식물 Plant과 플라스틱 Plastic의 합성어)'이라고 하는 바이오 플라스틱 제조 업체. 플랜타스틱은 바이오 플라스틱 빨대와 일반 플라스틱 빨대를 구분하기 위해 '#PLASTICFROMPLANTS'라는 해시태그를 써넣기 시작했는데, SNS를 통해 하나의 환경운동으로 확산되며 태국 국민들이 환경에 관한 관심을 키우는 데 일조했다. 바이오 플라스틱은 100% 재생이 가능한 플라스틱을 제조하며, 식물로 만들어져 사용 후 퇴비화된다. 또한, 소각 혹은 매립 시 유해물질과 독소가 발생하지 않는 것도 장점이라고. 플랜타스틱뿐만 아니라 수십여 개의 업체가 바이오 플라스틱을 연구, 개발하고 있으며 국가와 민간의 투자가 확대되고 있다.

'#PLASTICFROMPLANTS' 해시태그가 표기된 빨대

#제로 플라스틱을 넘어선 제로 웨이스트

선진국의 대도시에는 공통적으로 '이것'이 있다. 바로 제로 웨이스트 숍. 잘 썩는, 혹은 재활용이 용이한 재질로 만들어진 친환경 제품을 판매하고, 가정에서 사용되는 소모품을 그램 단위로 판매해 불필요한 포장재 발생을 최소화한다. 방콕에도 이러한 숍들이 문을 열고, 관련 플리마켓도 진행되고 있다. 태국 환경보호 운동의 최전선에 서 있는 방콕의 제로 웨이스트 숍을 방문해 보자. 개인이 실행에 옮길 수 있는 환경보호 운동에 관해 아이디어를 얻고, 생각해 보는 계기가 될 것이다.

베터 문 카페 x 리필 스테이션

Better Moon cafe x Refill Station

2031 Better Moon Cafe, Soi Sukhumvit 77/1
092-314-7832 화-일 10:00-18:00(월 휴무)
bettermoon.space

Papawee Pongthanavaranon

파파위 퐁타나바라논

베터 문 카페 x 리필 스테이션 공동 창립자

베터 문 카페 x 리필 스테이션에 대해 소개해 주세요.

안녕하세요. 저희는 일회용품과 플라스틱 사용 지양 운동을 전개하는 카페입니다. 방콕에 이와 같은 카페가 생긴 건 베터 문이 최초고요. 함께 운영하는 '리필 스테이션'이라는 이름의 벌크 스토어는 태국 최초로 선보이는 서비스 공간이랍니다. 저희는 방콕커들이 낭비 습관을 줄일 수 있도록 도와요. 소소한 것부터 시작해 라이프스타일까지 바꿀 수 있도록 다양한 옵션과 아이디어를 제공하고 있습니다.

가게 이름은 어떤 의미를 담고 있나요?

'베터 문'은 '조금 더 나은 장소'를 의미해요. 참고로 로고는 이 공간에 머무는 사랑스러운 토끼에 착안해 만들었답니다. 이 토끼는 베터 문의 사랑, 희망, 그리고 긍정 에너지를 대표하는 아이콘이죠. '리필 스테이션'은 사람들이 '리필'이라는 개념을 쉽고 가깝게 느낄 수 있도록 하기 위해 지은 이름이에요. 2017년 이곳을 오픈했을 때만 해도 아무도 벌크 스토어가 어떤 서비스를 제공하는 공간인지 몰랐거든요.

이곳을 찾는 고객들의 주목적과 가장 인기 있는 제품을 소개하자면?

리필 스테이션으로 알려지다 보니 리필 서비스를 목적으로 찾는 손님이 가장 많아요. 처음 오시는 분들은 대부분 쭈뼛쭈뼛 빈 병에 주방용 세제나 액상 세탁 세제를 담아가세요. 그리고 재방문 시에 다른 것에도 도전하곤 하시더라고요. 식품은 아무래도 진입 장벽이 높으니까요. 친환경 제품 중에서는 '작은 습관부터 바꿔나가 보자'는 생각에 스테인리스 빨대나 대나무 칫솔이 구매하는 손님이 많습니다.

함께 운영하는 게스트하우스에 관해서도 이야기해 주세요.

게스트 하우스는 친환경 아이디어를 기반으로 설계했답니다. 워낙 오래된 건물이다 보니 구조도 올드하고 딱 봐도 허름한 창문이 그대로 남아 있죠. 그래도 건축 폐기물을 최소화하기 위해 그대로 남겨 두었어요. 객실은 총 9개인데, 이곳을 채운 가구는 모두 재사용 가구랍니다. 이건 카페 공간도 마찬가지고요. 그리고 도심 속 녹음을 추가하기 위해 식물 재배에도 힘을 쓰고 있어요. 이러한 저희의 생각에 공감하는 전 세계 여행자 분들, 그리고 태국 내에서도 친환경 라이프스타일에 관심이 있는 분들이 찾아와 주고 계신답니다.

한국에도 플라스틱 사용을 줄이기 위한 다양한 노력들이 시도되고 있는데요. 개인이 실천할 수 있는 환경운동 팁을 준다면?

#LittleThingsMakeGreatChange. 저희는 작은 움직임이 큰 변화를 불러일으킨다고 믿습니다. 환경운동은 그리 거창한 게 아니에요. 그저 작은 사랑, 그리고 흥미에서 비롯하죠. 환경문제에 관한 뉴스를 읽고, 개인의 소비에서 쓰레기를 줄일 수 있는 방법에 대한 창의적인 고민을 해 보세요. 우리가 행동하기 시작한다면 세상은 매일 그만큼 더 나아질 거예요. 모두의 희망이 되어 주세요!

제로모먼트 리필러리

ZeroMoment Refillery

1, @home residence, 1 Soi 16
082-465-9262 10:00-19:00
facebook.com/pg/zeromomentrefillery

Ruedeechanok Jongsatien

루디차녹 쫑싸티옌

제로모먼트 리필러리 창립자

방콕 시내의 동쪽, 방카피 Bang Kapi 지역에 위치한 작은 리필 숍

방카피 지역의 로컬을 대상으로 한 벌크 스토어. 처음 방문했을 때 '깨끗함'이 인상적이었다. 아무래도 식료품을 벌크로 판매하다 보니 청결과 보관법에 각별히 신경을 쓰고 있다고 했다.

아이디어는 유럽, 그중에서도 독일의 제로 웨이스트 매장

제로모먼트 리필러리의 창립자 루디차녹 쫑싸티옌 Ruedeechanok Jongsatien 씨는 제로모먼트를 오픈하기 전에도 환경 문제에 꾸준히 관심을 가져왔다. 하지만 100% 제로 웨이스트를 실천하는 것은 쉽지 않은 일이었다. 먹고 살기 위해서는 어쩔 수 없이 공산품을 사야 했고, 쓰레기가 발생했다. 그러던 중 그는 유럽의 제로 웨이스트 숍에 관해 알게 되었다. 모두가 자신의 용기를 가지고 숍에 방문해 먹을 것, 생활 소모품을 필요한 만큼만 구매했고, 쓰레기는 발생하지 않았다. 이 경험을 토대로 그는 태국에도 동일한 가게를 오픈하기로 마음먹었다.

제품 보관법에 관한 연구만 반년

매장에 관한 아이디어를 얻고도 판매할 제품 라인업과 보관법을 연구하는 데만 반년이 넘는 시간이 흘렀다. 매장을 보니 다양한 곡물류와 허브, 향신료, 오일, 소스, 파스타 면, 건과일 등의 식료품과 주방 세제, 섬유유연제 등의 생활 소모품이 제각기 다른 통에 담겨 있다. 재료의 특성에 따라 보관법을 달리한 것이다. 이 모두가 그동안의 경험과 연구를 통해 개발해낸 시스템이었다.

로컬 농장과의 협업, 그리고 유기농 식자재

제로모먼트에서는 오로지 유기농 식자재만을 취급한다. 하지만 아무리 좋은 제품이어도 가격적 메리트가 없으면 결국 소비자에게 외면당할 수밖에 없다. 그래서 선택한 것이 로컬 농장과의 협업. 농장에서 도매가로 얻어온 제품들을 포장하지 않고 판매하자, 동일한 등급의 제품을 수퍼마켓에서 판매하는 것보다 더 저렴하게 제공할 수 있게 되었다.

점차 생활이 되어 가는 '제로 웨이스트'

처음에는 서양인이 주 고객층이었다. 오픈 당시만 해도 방콕커들에게 리필 숍은 너무나 생소한 존재였기 때문이다. 하지만 오픈한 지 1년이 지난 지금, 방카피 일대에 거주하는 로컬들의 반응이 뜨겁다. 환경을 생각하는 소비의 경험이 축적되며 그들의 라이프스타일에도 변화가 생긴 것이다. 물건을 담기 위한 개인 '용기'에서 비롯한 환경을 위한 움직임은 지구를 지키고자 하는 커다란 '용기'가 되어 방콕에 제로 웨이스트의 물결을 만들어내고 있다.

KARO COFFEE ROASTERS 카로 커피 로스터스

••

카페에 들렀을 때,
태국산 원두가 있다면 꼭 선택해서 맛볼 것!
원두 산지에서 커피를 맛보는 경험은 각별하다.

CAFE CULTURE IN BANGKOK

방콕의 카페 문화

30여 년 전만 해도 태국의 카페는 일부 상위 계층만 즐길 수 있는 문화공간이었는데, 최근 수년간 비약적인 발전을 이루며 완벽한 대중화를 이루었다. 이젠 방콕 시내를 걷다 보면 서울에서만큼이나 많은 카페를 만날 수 있을 정도. 시내 구석구석 주옥같은 카페가 즐비해 '카페 호핑'을 즐기기에 더할 나위 없는 도시 방콕! 방콕 커피 신의 현주소를 만나 보자.

Factory Coffee 팩토리 커피

#방콕커 감성 듬뿍, 매력적인 공간

커피도 맛있지만, 사실 방콕 카페 문화에 있어 가장 주목받는 부분은 바로 공간. '과연 이런 곳에 카페가 있을까?' 싶을 정도로 허름한 골목을 걷다가도 마주하게 되는, 개성 넘치는 '미친 공간'은 신선한 충격이다. 한국에는 어떤 곳이 소위 '대박'을 치면 비슷한 느낌의 카페가 우후죽순 생겨나는 경향이 있는데, 방콕은 카페 저마다의 개성이 있어 더욱 매력적으로 다가온다. 카페들이 자신들만의 시그니처 메뉴 개발에 열을 올리는 것도 또 하나의 즐거움. 각자의 개성을 맛으로 표현해내는 탁월한 능력에 박수가 절로 난다. 마지막으로 하나 더. 음료를 넘어서, 카페의 운영 이념과 꼭 닮은 라이프스타일 숍을 함께 운영하는 공간도 많다. 방콕의 카페가 오너 개개인의 정체성을 드러내는 공간이라는 것을 알 수 있는 부분이다.

Kaizen Coffee 카이젠 커피

#태국산 커피를 태국에서!

태국의 북부 지역은 수십 년 전까지만 해도 '마약왕 쿤사'의 거점 지역이자, 아편의 주요 생산지였다. 하지만 1988년, 로열 프로젝트의 일환으로 아편을 대신해 커피나무를 심으며 마약 산지라는 불명예를 씻고 세계 유수의 커피 산지로 다시 태어날 수 있었다. 치앙라이의 도이창 Doi Shaang 커피와 도이퉁 Doi Tung 커피를 비롯해 치앙마이 지역에도 개인이 재배하는 품질 좋은 원두들이 생산된다.

WWA PORTAL WWA 포털

Rocket Coffeebar S.12

#인증 샷 문화와 방콕 카페 문화 발전의 상관관계

방콕 카페 신의 발전을 두고 일각에서는 농담 반, 진담 반, 방콕커의 SNS 인증 샷 문화 덕분이라고 말한다. 전 세계 어딜 가든 비슷한 경향은 있지만, 방콕의 수십 여 카페를 방문해 본 결과 확실히 방콕커들의 인증 샷 사랑은 놀라울 정도다. 수십 차례의 촬영 끝에 얻어낸 베스트 인증 샷은 개인의 인스타그램에 업로드되고, 카페 이름과 함께 실시간으로 전 세계 카페 매니아들에게 발신된다. 그 말인 즉, 특별히 마케팅 비용을 들이지 않아도 입소문만으로도 성공할 수 있는 가능성이 열린 것. 덕분에 성공을 갈망하는 젊은 방콕커들이 비교적 진입 장벽이 낮은 카페 산업에 너도나도 뛰어들었고, 방콕의 카페 신이 빠른 속도로 발전하고 있다는 이야기!

Karo Lyash

카로 리아시
카로 커피 로스터스 오너

카로 커피 로스터스

KARO COFFEE ROASTERS

66 Soi Pridi Banomyong 26
061-858-9191 06:00-18:00
@karocoffeeroasters

안녕하세요. 자기소개 부탁드려요.

안녕하세요. 저는 카로 커피 로스터스의 카로 리아시입니다. 몰디브의 캔디 Kandy라는 도시에서 태어났습니다.

언제 커피의 매력에 눈을 떴나요? 왜 카페를 열게 됐는지 궁금해요.

17년 전, 제가 16살이었을 때 커피에 관심이 생겼고, 직접 내려 마시기 시작한 기억이 나네요. 그때부터 꾸준히 관심을 가지고 지내다가 2015년에 처음으로 스페셜티 커피를 접하게 되었죠. 케냐 지아칸자 피베리 Kenya Giakanja PB였는데요. 그 후 카페를 열어야겠다는 결심이 서서 2018년, 방콕 프라카농에 '카로 커피 로스터스'를 오픈하게 되었습니다.

전 세계에서 이곳, 방콕에 카페를 연 이유가 궁금해요. 게다가 좀 외진 곳에 있잖아요.

방콕을 선택한 건 방콕커와 풍부한 문화 때문이었어요. 마치 내 나라, 내 집과 같은 인상을 받았거든요. 그리고 방콕은 커피 문화가 발달했을 뿐만 아니라 업계의 경쟁이 치열하다는 점도 선택의 이유가 되었답니다. 음, 그리고 외진 곳에 카페를 연 이유는요. (웃음) 저는 카로 커피 로스터스가 방콕과 같이 분주한 도시에서 사람들에게 진정한 '휴식'의 장소가 되기를 바랐어요. 그리고 이러한 제 생각에 공감하고, 이해해 주는 사람들과 마주하고 싶은 마음도 컸고요.

카페를 오픈하며 세운 '목표'가 있다면?

거창한 건 없고요. 저, 그리고 카로 커피 로스터스의 스태프 모두가 각자의 자리에서 서로 도와가며 일하는 것이 목표입니다.

마지막으로 한국 독자분들에게 한 마디 부탁드려요.

카로 커피 로스터스는 아늑한 카페입니다. 이곳에서 마치 내 집에 온 것처럼 편안한 마음으로 스페셜티 커피와 베이커리 그리고 디저트를 즐겨 보세요. 추천 메뉴는 더티 플라워 Dirty Flower와 멕시칸 모카 Mexican Mocha, 그리고 블랙커피 Black Coffee입니다.

Arnun Wattanaporn

아눈 와타나폰
카이젠 커피 창립자

안녕하세요. 자기소개 부탁합니다.
안녕하세요. 아눈입니다. 2015년에 카이젠을 오픈했습니다.

어떤 계기로 카페를 시작하게 되었는지요.
카이젠 커피를 오픈한 건 커피에 대한 사랑과 기업가로서의 활동을 위해서였습니다. 스페셜티 커피와 카페에 관한 영감은 주로 호주에서 살던 시절의 경험에서 얻었습니다.

'카이젠'이라는 이름의 유래가 궁금해요.
카이젠 改善은 일본어로 '지속적인 개선'을 의미합니다. 매일 더 좋아질 것이라는 생각, 좋아지게 하고 싶다는 생각으로 이와 같은 이름을 짓게 되었습니다.

작은 공간에서 지금의 자리로 확장 이전했다고 들었어요. '공간'을 옮기면서도 유지한, 카이젠 커피만의 브랜드 이념이 있다면?
카이젠 커피가 가장 중시하는 것은 품질, 윤리 및 지속가능성입니다. 이러한 이념이 고객들에게 좋은 커피 비즈니스의 예로 여겨지면 더할 나위 없겠고요. 사실 공간을 이전하며 브랜드 색과 디자인에는 큰 변화가 있었습니다. 화이트 미니멀리즘으로 꾸몄던 기존의 공간과는 달리 개방성 있는 전면 유리에 유니크한 블랙 컬러로 된 프레임, 천연 나무와 회색 벽돌을 사용해 공간을 꾸몄죠. 하지만 이는 표현 방식의 차이일 뿐 그 안에서 느낄 수 있는 브랜드 비전과 책임감은 동일하게 전달될 거라고 생각해요.

카페를 운영함에 있어 무엇을 가장 신경 쓰나요?
품질 좋은 식자재와 좋은 서비스를 고객들에게 제공하는 것입니다. 카이젠 팀은 이를 위해 모두 한마음 한뜻으로 힘을 합쳐 일하고 있고요. 모두들 지금 하는 일을 사랑하는 행복한 사람들이랍니다.

카이젠 커피를 찾아올 한국 독자분들께 한 마디.
카이젠 팀은 고객에게 훌륭한 음식과 음료 그리고 커피를 제공하기 위해 모인 열정적인 사람들입니다. 우리는 2015년부터 다양한 고품질의 커피를 만들어왔습니다. 카이젠에 오셔서 좋은 커피, 그리고 최고의 요리사가 선보이는 아시안 푸드를 즐겨 보세요.

카이젠 커피

Kaizen Coffee

888 6-7 Ekkamai Rd
095-312-0301
07:30-16:30
@kaizencoffeeco

WHERE YOU'RE GOING

방콕 여행 일정 짜기

240여 년간 태국의 현 왕조, 짜끄리 왕조의 역사가 기록되어 온 살아 있는 박물관이자 태국 경제와 문화, 트렌드의 중심인 방콕. 각양각색 지역별 매력을 이해하고 나만의 취향에 맞춰 여행 일정을 짜 보자.

RATTANAKOSIN & CHAINATOWN
라따나꼬신 & 차이나타운

방콕의 올드타운. 짜끄리 왕조와 관련된 건축물은 물론, 수도로서의 방콕의 역사를 고스란히 느낄 수 있는 도시 풍경이 매력적이다. 넓은 지역이지만, 부지런히 다니면 하루 동안 차이나타운부터 왕궁까지 구석구석 돌아볼 수 있다. 배낭여행자들의 성지, 카오산 로드도 이 일대에 포함된다.

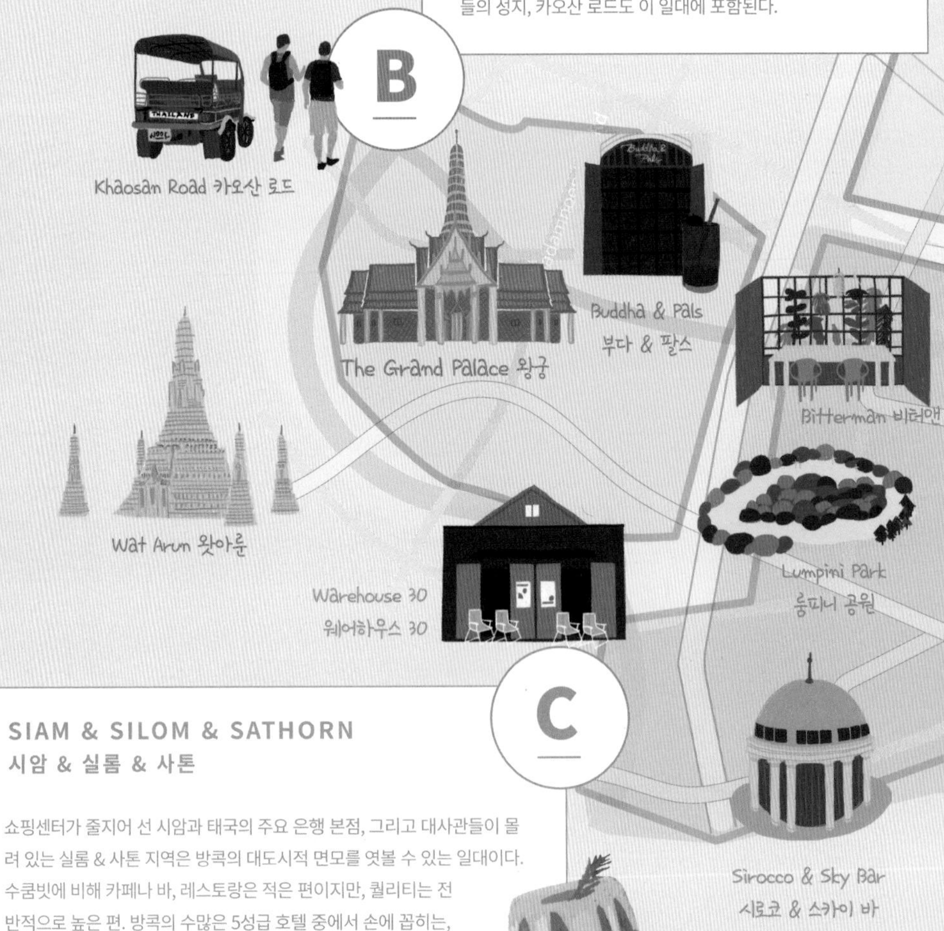

SIAM & SILOM & SATHORN
시암 & 실롬 & 사톤

쇼핑센터가 줄지어 선 시암과 태국의 주요 은행 본점, 그리고 대사관들이 몰려 있는 실롬 & 사톤 지역은 방콕의 대도시적 면모를 엿볼 수 있는 일대이다. 수쿰빗에 비해 카페나 바, 레스토랑은 적은 편이지만, 퀄리티는 전반적으로 높은 편. 방콕의 수많은 5성급 호텔 중에서 손에 꼽히는, 반얀트리와 수코타이, 샹그릴라, 만다린 등도 이곳에 있다.

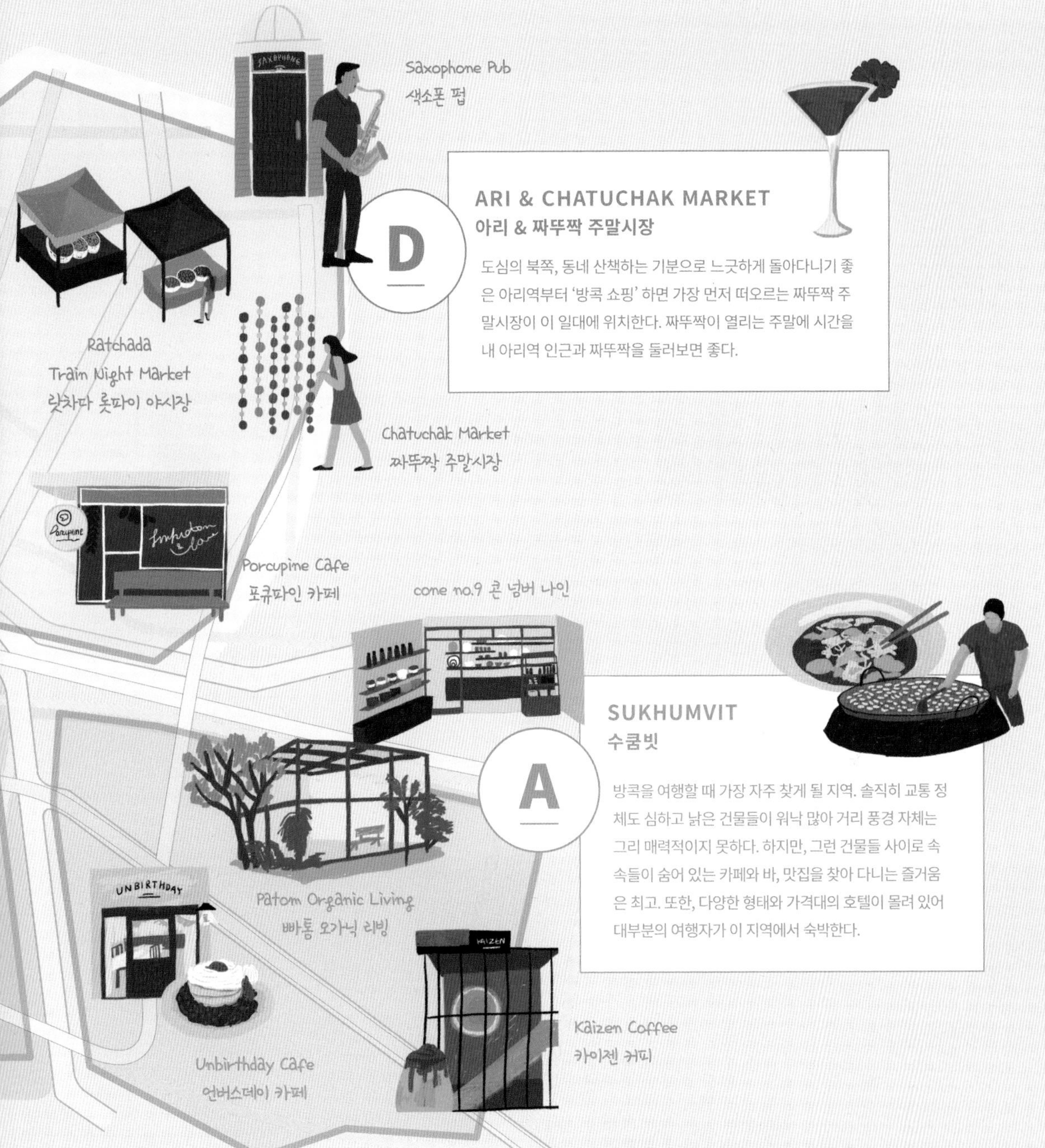

D

ARI & CHATUCHAK MARKET
아리 & 짜뚜짝 주말시장

도심의 북쪽, 동네 산책하는 기분으로 느긋하게 돌아다니기 좋은 아리역부터 '방콕 쇼핑' 하면 가장 먼저 떠오르는 짜뚜짝 주말시장이 이 일대에 위치한다. 짜뚜짝이 열리는 주말에 시간을 내 아리역 인근과 짜뚜짝을 둘러보면 좋다.

A

SUKHUMVIT
수쿰빗

방콕을 여행할 때 가장 자주 찾게 될 지역. 솔직히 교통 정체도 심하고 낡은 건물들이 워낙 많아 거리 풍경 자체는 그리 매력적이지 못하다. 하지만, 그런 건물들 사이로 속속들이 숨어 있는 카페와 바, 맛집을 찾아 다니는 즐거움은 최고. 또한, 다양한 형태와 가격대의 호텔이 몰려 있어 대부분의 여행자가 이 지역에서 숙박한다.

Sukhumvit

방콕의 오늘을 만날 수 있는, 수쿰빗

방콕 트렌드의 중심 통로 & 에까마이를 비롯해 유흥 지역 나나, 교통의 중심 아속, 일본의 한적한 거리를 떠올리게 하는 프롬퐁까지 다채로운 매력을 지닌 지구이다. 워낙 넓고 갈 만한 곳도 많아 방콕에 한 달 살아도 전체를 둘러보기 어렵겠다 싶을 정도. 단기 여행으로 방콕을 찾았더라도 일단 꼬박 하루는 수쿰빗 지역에 투자하자.

Unbirthday Cafe
언버스데이 카페
평범한 아파트먼트 2층에 숨어 있는 카페. 넓지는 않지만, 공간 구석구석 언버스데이만의 감성으로 가득 차 있다.

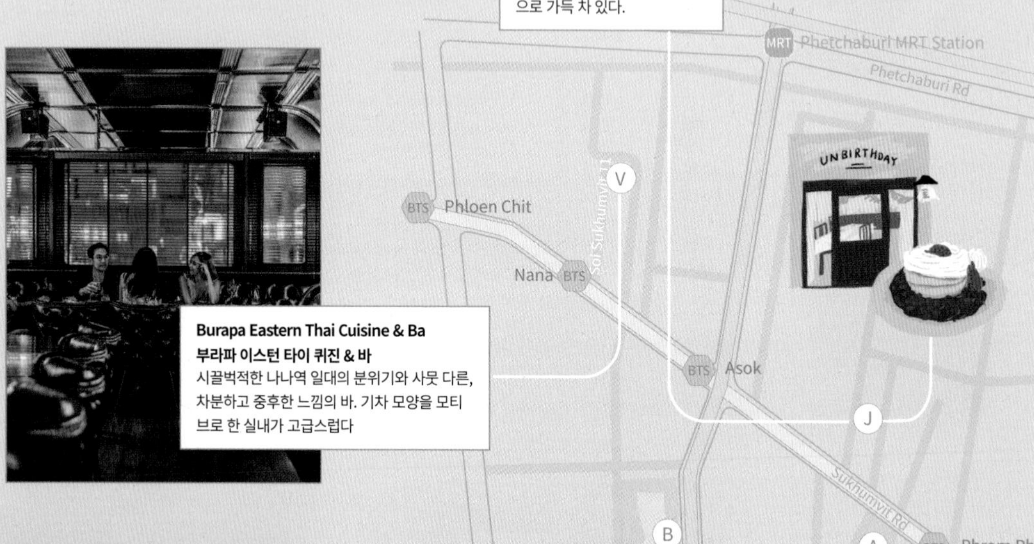

Burapa Eastern Thai Cuisine & Ba
부라파 이스턴 타이 퀴진 & 바
시끌벅적한 나나역 일대의 분위기와 사뭇 다른, 차분하고 중후한 느낌의 바. 기차 모양을 모티브로 한 실내가 고급스럽다

Iron Balls Parlour & Saloon
아이언 볼스 팔러 & 설룬
직접 제조한 진 Gin으로 진토닉을 만들어 주는 진 전문 바. 토닉 워터의 종류도 다양해 조합하는 재미가 있다.

Indus
인더스
2019년, 미쉐린 원스타에 등극한 인도 요리 전문점. 1960년대 지어진 아르데코 양식의 건물에 자리해, 공간 자체도 매력적.

Kaizen Coffee
카이젠 커피
에까마이에서 가장 핫한 카페. 로프트 형식의 공간에, 두 면이 전면 유리로 이루어져 있어 개방감이 좋다. 커피 맛도 일품.

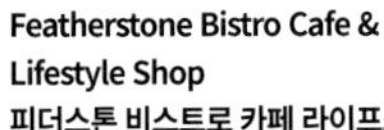

Featherstone Bistro Cafe & Lifestyle Shop
피더스톤 비스트로 카페 라이프스타일 숍
꽃을 넣어 얼린 얼음에 스파클링 워터를 부어 마시는 시그니처 음료로 유명한 카페. 음식도 맛있고 함께 운영하는 편집숍도 흥미롭다.

cone no.9
콘 넘버 나인
염료를 흘러내리듯 표현한 도자기로 인기를 끌고 있는 콘 넘버 나인의 쇼룸. 작은 사이즈의 잔도 많아 선물용으로 딱.

Spots Information

Spots to go to
a. 벤차시리 공원
b. 벤자키티 공원
c. 앙운 공원 p.037

Restaurant
d. 룽 르엉 포크 누들 p.082
e. 인더스 p.086
f. 쏜통 포차나 p.081
g. 브로콜리 레볼루션 p.090
h. 싯 앤 원더 p.079
i. 와타나파닛 p.083

Cafe & Dessert
j. 언버스데이 카페 p.069
k. 코-인시던스 프로세스 커피 p.036
l. 카이젠 커피 p.038
m. 피더스톤 비스트로 카페 & 라이프스타일 숍 p.070
n. 잉크 & 라이언 p.068
o. 오드리 카페 & 비스트로

Lifestyle & Shoping
p. 빠톰 오가닉 리빙 p.107
q. 더 커먼스 p.037
r. 어니언 p.039
s. 콘 넘버 나인 p.039
t. 카르마카멧 다이너 p.106
u. 더 솜차이 p.035

Bar
v. 부라파 이스턴 타이 퀴진 & 바 p.093
w. 아이언 볼스 팔러 & 설룬 p.092
x. 래빗 홀 p.093

Rattanakosin & Chinatown

방콕 역사의 숨결이 녹아 있는, 라따나꼬신 & 차이나타운

짜끄리 왕조의 역사가 현재까지도 이어지고 있는 지구로, 왕실과 관련된 건축물들은 물론 종교 건물, 그리고 타이-차이니즈의 일대기를 가장 가까이서 만날 수 있다. 과거에는 '올드타운'이라는 명칭 하에 그저 역사적인 관광지에 불과한 이미지가 있었으나, 최근에는 과거와 현재가 공존하는 세련된 지역으로서 매력을 발산하고 있다. 하루 정도면 라따나꼬신과 차이나타운을 대략적으로 둘러볼 수 있다.

Khaosan Road
카오산 로드
강산이 변해도 '배낭여행자의 성지' 카오산 로드는 언제나 주머니 가벼운 여행자들을 반갑게 맞이해 준다.

Wat Phra Kaew & The Grand Palace
왓 프라깨우 & 왕궁
짜끄리 왕조의 탄생과 함께 지어진 왕궁과 호국절 왓 프라깨우. 방콕의 역사를 이해하기 위해서는 이곳을 빼놓을 수 없다.

Wat Arun
왓 아룬
짜오프라야강의 매력을 완성하는 하얀색 사원. 낮에도 예쁘지만, 밤에 라이트 업된 모습은 그저 환상적.

Wat Suthat
왓 수탓
수코타이에서 가져온 8m에 달하는 불상이 모셔져 있는 사원. 바로 앞에 태국의 번성과 풍요를 기원하며 세운 자이언트 스윙이 있다.

Buddha & Pals
부다 & 팔스
마땅한 교통편이 없어 택시를 타고 이동해야 하지만, 그만한 가치가 있다. 빈티지 인더스트리얼 인테리어의 끝판왕.

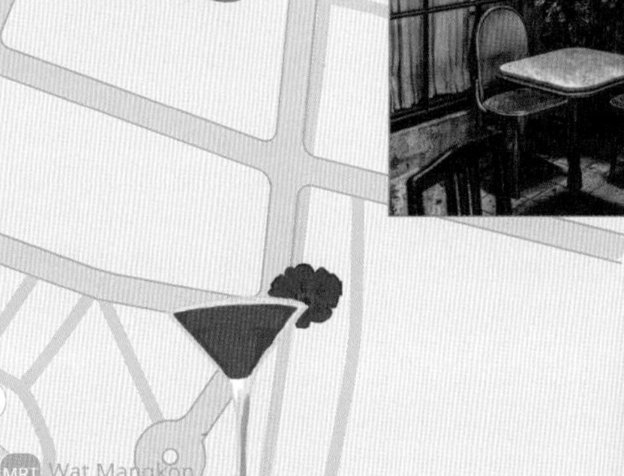

Spots Information

Spots to go to
a. 왓 프라깨우 & 왕궁 p.051
b. 왓 포 p.054
c. 왓 아룬 p.055
d. 국립박물관 p.053
e. 카오산 로드 p.056
f. 람부뜨리 로드 p.057
g. 왓 수탓
h. 왓 사켓 p.062
i. 왓 망껀 까말라왓 p.045
j. 왓 뜨라이밋 p.045
k. 딸랏 노이 p.047
l. 롱 1919 p.047
m. 산타 크루즈 교회

Restaurant
n. 팁싸마이
o. 꾸어이짭 유안 포차나 p.082
p. 롱 토우 카페 앳 야와랏 p.086

Cafe & Dessert
q. 부다 & 팔스 p.069
r. 반 림남 p.047
s. 팜 투 테이블, 하이드아웃 p.075

Lifestyle & Shop
t. 썸띵 어바웃 어스 p.104
u. 반 모완 p.111
v. 패스포트 북숍 p.114

Bar
w. 소이 나나 p.046, 096

Baan Rim Nam
반 림남
딸랏 노이 안쪽, 짜오프라야 강변에 위치한 카페 겸 바. 2018 방콕 비엔날레 당시 전시 공간으로 활용되기도 했다.

q
H
N
R
K
L

Siam & Silom & Sathorn

방콕 경제를 움직이는 힘의 원천, 시암 & 실롬 & 사톤

시암은 웅장한 쇼핑센터들이, 실롬, 사톤은 각국 대사관을 비롯해 태국 주요 은행 본점, 최고급 호텔들과 루프톱 바가 모여 있는 명실공히 경제의 허브다. 짜오프라야강 주변으로 더 잼 팩토리와 TCDC, 그리고 웨어하우스 30이 들어서며 앞으로는 태국 디자인의 허브 역할을 할 것으로도 기대된다. 시암은 쇼핑에 반일을 투자하고, 실롬 & 사톤은 하루를 사용해 충분히 둘러볼 만한 가치가 있다.

Spots Information

Spots to go to
a. 짐 톰슨의 집 p.063
b. 에라완 사원
c. 룸피니 공원 p.058
d. 방콕 시티시티 갤러리 p.059
e. 킹 파워 마하나컨 p.060
f. 티시디시 TCDC p.061

Restaurant
g. 비터맨 p.071

Cafe & Dessert
h. 오서스 라운지 p.073
i. 헤이지 p.074

Lifestyle & Shop
j. 시암 쇼핑센터 거리 p.116
k. 웨어하우스 30 p.102

Bar
l. 버티고 & 문 바 p.059
m. 시로코 & 스카이 바 p.059

Erawan Sharine
에라완 사원
에라완 호텔 건설 당시 사고가 자주 발생하자 안전을 기원하며 만든 사원. 가운데에는 힌두교 '창조의 신', 브라흐마상이 놓여 있다.

Ratchathewi BTS
Phetchabouri Rd
A
BTS Phloen Chit Rd
Siam
J
Chit Lom
BTS
B
BTS
Phloen Chit
Phayathai Rd
Ratchadamri
MRT
Rama IV Rd
Ratchadamri Rd
MRT
Sam Yan
C
MRT
MRT
Si Lom
Sala Daeng
G
Lumphini
MRT
K
I
F
H
Silom Rd
MRT Chang Nonsi
Sathon Tai Rd
L
D
E
M
MRT
MRT
Surasak
Saphan Taksin

Warehouse 30
웨어하우스 30
세계 2차 대전 당시 사용되었던 폐창고를 활용하여 탄생한 복합문화공간. 7개 동으로 나뉘어 있으며 셀렉트 숍과 카페, 가구 쇼룸, 서점 등이 입점해 있다.

Lumpini Park
룸피니 공원
'방콕의 폐'와도 같은 공원. 시민들의 휴식처이자, 방콕 어디에서도 볼 수 없는 다양한 동식물을 만날 수 있는 생태공원이다.

Ari & Chatuchak Market

한적한 동네 산책 vs. 복닥복닥 로컬 쇼핑, 아리 & 짜뚜짝 주말시장

소소하게 산책하기 좋아 최근 주목받고 있는 아리역 일대, 그리고 방콕 쇼핑의 대명사라고도 할 수 있는 짜뚜짝 주말시장은 하루에 함께 둘러보기 좋은 코스이다. 쇼핑을 마치고 시내로 돌아와도 좋고, 지하철을 타고 태국 문화센터 Thailand Cultural Centre역에서 하차해 랏차다 롯파이 야시장으로 이동하여 나이트라이프를 즐기는 것도 방법.

Playground antique flea market
플레이그라운드 앤티크 플리마켓
짜뚜짝 주말시장 옆으로 열리는 골동품 벼룩시장. 라마 9세 동상, 옛날 전화기, 올드 피규어 등 구경할 거리 한가득.

Saxophone Pub
색소폰 펍
전승기념탑 옆 재즈바. 매일 밤 소소한 공연이 열린다. 전승기념탑 주변은 베테랑 택시 기사들도 길을 잘 몰라 그랩 잡기가 어려우니 주의.

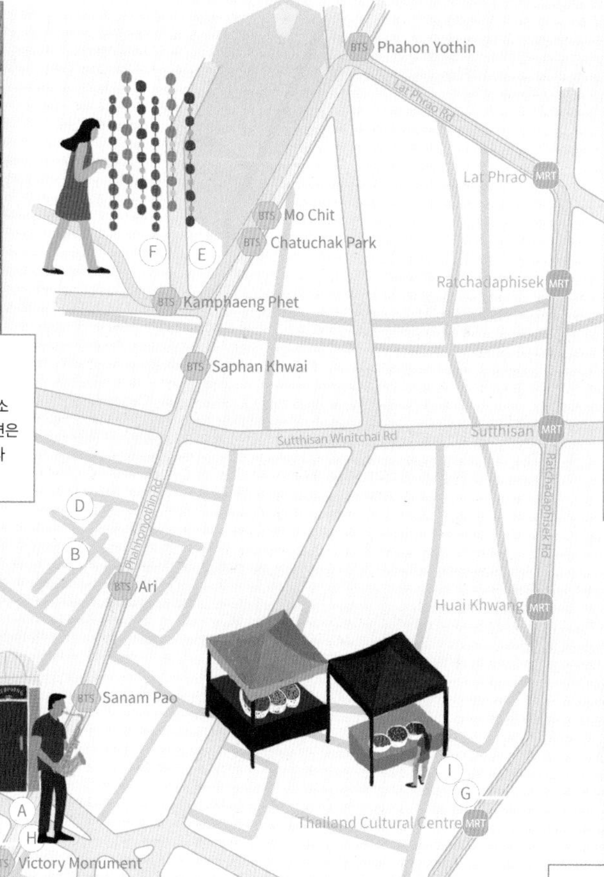

Spots Information

Spots to go to
a. 전승기념탑

Restaurant
b. 샴발라 쏨땀 p.080

Cafe & Dessert
c. 팩토리 커피 p.067
d. 포큐파인 카페 p.041

Lifestyle & Shop
e. 짜뚜짝 주말시장 p.118
f. 플레이그라운드 앤티크 플리마켓 p.118
g. 랏차다 롯파이 야시장 p.119

Bar
h. 색소폰 펍 p.095
i. 랏차다 롯파이 야시장 바 거리 p.097

Ratchada Train Night Market Bar Road
랏차다 롯파이 야시장 바 거리
젊은 로컬들이 모이는, 대표 나이트라이프 스폿. 세련된 맛은 없지만, 불량 식품 같은 매력이 있다.

SPECIAL PLACES

매일 같이 새로운 가게가 들어서고 사라지고를 반복하는, 방콕 트렌드의 중심
통로 & 에까마이 일대. 여기저기 기웃거리며 돌아다니는 재미가 있는 아리.
세계 최고 最古의 차이나타운으로 알려졌지만, 사실은 젊은 방콕커들을 불러보으고
있는 힙 플레이스 차이나타운까지. 지금, 방콕에서 가장 뜨거운 세 곳을 소개한다.

Patom Organic Living 빠톰 오가닉 리빙

THONGLOR & EKKAMAI

통로 & 에까마이

방콕 트렌드의 발신지

방콕 트렌드의 중심, 통로. 통상적으로 BTS 통로역에서 메인 길인 소이(태국어로 '길') 55를 따라 북쪽으로 약 2.5km에 달하는 거리를 통로라 일컫는데, 요즘은 동쪽 에까마이까지 하나의 권역으로 묶어서 소개하는 경우가 많다. 수많은 매체가 이 일대를 방콕의 '가로수길', 혹은 '청담동'이라 표현하며 화려한 상업 지구처럼 비추지만, 사실 겉보기엔 그저 오래된 고급 주택가일 뿐이다. 만일 서울의 화려한 어느 동네를 떠올리며 통로와 에까마이 일대를 방문한다면 상상 이상으로 노후화한 모습에 적잖이 당황할 것이다.

통로와 에까마이 일대의 진가는 골목마다 숨어 있는 소규모 가게들에 있다. 수년 전만 해도 제이 애비뉴 J-Avenue와 같은 커뮤니티 몰들이 사람들을 끌어모았지만, 이젠 그 인기도 한풀 꺾였다. 거미줄처럼 복잡하게 얽힌 골목 사이로 매일같이 카페와 바, 상점이 들어서고 사라지고를 반복한다. 그렇게 통로 & 에까마이만의 색이 만들어지고, 그 색은 방콕 전역을 물들이고 있다.

1. Thonglor 통로

a. The Somchai 더 솜차이
b. Zudrangma Records 주드랑마 레코드
c. co-incidence.process.coffee 코-인시던스.프로세스.커피
d. Patom Organic Living 빠톰 오가닉 리빙
e. theCOMMONS 더 커먼스

2. Ekkamai 에까마이

f. Kaizen Coffee 카이젠 커피
g. onion 어니언
h. cone no.9 콘 넘버 나인
i. (Un)fashion Vintage 언패션 빈티지

Thonglor

Soi Sukhumvit 55

Ekkamai Rd

BTS Thong Lo

Sukhumvit Rd

BTS Ekkamai

1 Thonglor 통로

메인 길인 소이 55를 비롯해 골목마다 힙한 공간들이 줄을 잇는다. 방콕커뿐만 아니라 전 세계 트렌디세터들에게 큰 지지를 받고 있는 '방콕 트렌드'의 대명사와도 같은 곳!

a. The Somchai 더 솜차이

통로 소이 11에 위치한 고급스러운 맨즈 라이프스타일 편집숍. 다양한 이탈리아 맨즈 브랜드를 한데서 만나볼 수 있을 뿐만 아니라, 세계 5대 테일러 브랜드 중 하나인 리베라노 & 리베라노 LIVERANO & LIVERANO의 맞춤 정장 서비스를 경험할 수 있다. 오픈 이래 맨즈 라이프스타일숍 중심으로 운영하다 2019년 무렵 고객을 위한 카페 '베로 VERO'를 열었는데 최근엔 카페를 목적으로 방문하는 경우도 적지 않다. 저녁에는 뒤뜰에서 칵테일이나 맥주 한잔하기도 좋다.

Ⓐ 215 Thonglor 11, Sukhumvit 55
Ⓖ 13.73256, 100.58154 Ⓣ 081-915-3464
Ⓗ 숍 수-월 12:00-19:00(화 휴무),
카페 12:00-23:00 Ⓤ thesomchai.com
Ⓜ Map → 3-S10

CAFE IN THONGLOR : 주목할 만한 통로의 카페

KOF Cafe Thonglor
코프 카페 통로 (p.070)
다양한 시그니처 메뉴로 인기를 끌고 있는 카페. 그중에서 아이스크림 콘에 따뜻한 라떼를 부어 주는 코프 콘 KOF KONE이 가장 인기!
Ⓖ 13.73425, 100.58245 Ⓗ 08:00-20:00
Ⓜ Map → 3-C9

Ⓐ 7/1 Sukhumvit soi 51 Ⓖ 13.72659, 100.57636
Ⓣ 083-063-1335 Ⓗ 수-일 12:00-20:00(월, 화 휴무)
Ⓤ zudrangmarecords.com Ⓜ Map → 3-S8

b. Zudrangma Records 주드랑마 레코드(p.104)

방콕의 수많은 레코드 숍 중에서도 손꼽히는 곳. 태국뿐만 아니라 전 세계, 그리고 다양한 시대의 음반을 보유하고 있다. 가게 내부에 시청용 턴테이블이 있어 들어볼 수 있다. 2층에는 빈티지 의류, 소품을 판매하는 숍 로스트 & 파운드 Lost & Found(월~수요일 휴무)가 있으니 꼭 함께 들러볼 것.

TIP.

오토바이 택시, 랍짱

통로 & 에까마이 일대는 상상 이상으로 넓어 탈것을 이용해 이동해야 하는데, 교통 체증이 심할 때는 택시 탈 엄두가 나지 않는다. 그렇다고 걸어가자니 찜통 같은 더위가 두렵다. 그럴 때 이용하게 되는 것이 바로 오토바이 택시, 랍짱. BTS역에 내리면 마주하게 되는, 주황색 조끼를 입은 한 무리의 오토바이 부대이다. 탑승하는 곳에 대략적인 가격표가 적혀 있으며, 없다면 보통 5분 탑승 기준 20밧으로 흥정하면 된다. 랍짱은 정말 위험한 교통수단임은 분명하나, 빠르게 달릴 수 없는 골목 골목을 이동할 때에 이만한 것이 없다.

c. co-incidence.process.coffee 코-인시던스 프로세스 커피

태국발 라이프스타일 브랜드 코-인시던스의 심플함을 사랑하고, 거기에 커피까지 좋아하는 사람이라면 취향 저격일 공간. 화이트 톤의 심플한 내부는 그 자체로 코-인시던스의 아이덴티티를 드러내는 듯하다. 스페셜티 커피와 WWA의 빵을 함께 맛보고, 코-인시던스의 다양한 제품을 둘러보자. '안동찜닭'이라는 익숙한 상호의 코리안 레스토랑 뒤쪽에 비밀스럽게 숨어 있다.

Ⓐ Soi Sukhumvit 49 Ⓖ 13.72713, 100.57532
Ⓣ 063-425-6018 Ⓗ 화-일 09:00-18:00(월 휴무)
Ⓘ @coincidence.process.coffee Ⓜ Map → 3-C6

Ⓐ 9, 2 Soi Phrom Phak Ⓖ 13.73855, 100.57911
Ⓣ 02-084-8649 Ⓗ 09:00-19:00
Ⓘ @patom_organic_living Ⓜ Map → 3-S7

안뜰은 느긋하게 산책하기 좋고, 요가 클래스를 진행하는 공간도 있다. 예쁘게 나오는 사진은 덤.

d. Patom Organic Living
빠톰 오가닉 리빙 (p.107)

통로의 '핫한 카페'로 자주 소개되는 곳. 하지만 이곳은 '오가닉 리빙'임을 잊지 않았으면 한다. 오가닉 먹거리와 오가닉 배스 제품 등 태국의 오가닉을 경험할 수 있는 것이 포인트. 특히 직접 키운 원료로 제작하는 오가닉 배스 제품들은 좋은 품질에 가격까지 저렴하니 그냥 지나치지 말 것.

시간이 있다면 여기도

Angoon Garden 앙운 가든

앙운이라는 개인의 사유지로, 그의 유언에 따라 오픈된 커뮤니티 공원이다. 작은 규모의 행사들을 위해 무료로 대여해 주며, 입구 앞 작은 카페에서 벌어들인 수익으로 공원을 유지한다. 지나가는 길에 행사가 열리고 있다면 가벼운 마음으로 방문해 볼 것.

Ⓐ 65/1 55 Sukhumvit Rd Ⓖ 13.72704, 100.58031
Ⓜ Map → 3-★1

Ⓐ 335 Soi Thonglor 17 Ⓖ 13.73498, 100.58218
Ⓣ 089-152-2677 Ⓗ 08:00-01:00(매장별 상이)
Ⓤ thecommonsbkk.com Ⓜ Map → 3-S11

e. theCOMMONS
더 커먼스

"우리는 쇼핑몰을 만드는 것보다 커뮤니티를 구축하는 것에 목적을 두었습니다." 더 커먼스는 단순한 쇼핑몰이 아니다. 자신이 하는 일에 자부심을 지닌 소상공인들이 모여 건전한 생활과 진정한 공동체 의식을 전파하는 공간이다. 지하 1층부터 3층까지 층마다 마켓, 빌리지, 플레이 야드, 톱 야드라는 콘셉트에 맞춰 가게들이 입점해 있다. 마켓 층에서는 매주 수요일부터 일요일까지 디제잉 및 재즈 공연이 펼쳐지며, 톱 야드의 더 커먼스 키친에서는 때때로 워크숍이 열린다. 또한, 연중 수 회 더 커먼스 공간 전체를 활용한 기획 행사도 진행되니 방문 전 반드시 웹 사이트에서 일정을 체크해 보자.

2 Ekkamai 에까마이

에까마이역에서 소이 63을 따라 북쪽으로 약 2.5km, 에까마이라고 불리는 이 일대는 통로에 비해 낮은 건물들이 이어지며, 차분하다. 구석구석 숨어 있는 카페와 숍을 찾아다니는 즐거움이 있는 곳.

Ⓐ 888 6-7 Ekkamai Rd Ⓖ 13.73978, 100.58953 Ⓣ 095-312-0301
Ⓗ 07:30-16:30 Ⓘ @kaizencoffeeco Ⓤ kaizencoffee.com
Ⓜ Map → 3-C12

f. Kaizen Coffee
카이젠 커피 (p.023)

소이 63 최북단 인근에 위치한 카페로 최근 에까마이에서 가장 핫하다. 원래는 작은 규모의 동네 카페였으나, 질소 커피로 큰 사랑을 받으며 지금의 부지로 이전했다. 천장이 높은 로프트식 이층 건물에 사방이 유리로 되어 있고, 창밖으로는 초록초록한 잔디가 펼쳐져 개방감이 좋다. 끊임없는 메뉴 개발로 다양한 시그니처 커피를 선보이며, 음식 메뉴 또한 훌륭하다.

Ⓐ 19/12 Soi Sukhumvit 63 Ⓖ 13.73084, 100.58979
Ⓣ 066-164-9249 Ⓗ 월-토 11:00-19:00, 일 12:00-19:00
Ⓤ onionbkk.com Ⓜ Map → 3-S14

g. onion 어니언

단독주택이 모여 있는 소이 12에 위치한 작은 편집숍. 기타리스트이자 어니언의 오너인 하우스 House는 태국 국내 브랜드를 비롯해 북유럽, 미국 등지에서 셀렉한 잡화를 고객에게 소개한다. 의류, 신발, 가방 등 다양한 항목을 취급하며, 어니언의 오리지널 브랜드 '어니언 스펙터클 Onion Spectacles'의 제품도 만나볼 수 있다.

h. cone no.9 콘 넘버 나인

염료를 흘러내리듯 표현한 콘 넘버 나인의 매력적인 도자기는 현지에서도 선물용으로 인기 만점. 도자기 판매뿐만 아니라 본업이었던 '커피'도 놓지 않고 이곳을 찾는 사람들에게 선보이고 있으니 꼭 마셔 보자.

Ⓐ Bkk HQ, Soi Ekamai 15 Ⓖ 13.73485, 100.58703
Ⓣ 02-550-7336 Ⓗ 09:00-18:00
Ⓘ @conenumber9 Ⓜ Map → 3-S12

Ⓐ 3 Soi Ekkamai 10
Ⓖ 13.72947, 100.58612
Ⓣ 02-726-9592 Ⓗ 10:00-17:30
Ⓘ @unfashion_vintagecollection
Ⓜ Map → 3-S13

i. (Un)fashion Vintage 언패션 빈티지

소이 63을 걷다 보면 카라반 같은 모습의 붉은 벽돌 건물이 눈길을 끈다. 언패션 빈티지의 카페 공간으로, 그 옆 단층 건물에 언패션 빈티지 편집숍이 자리한다. 빈티지 의류, 가방, 신발을 판매하는데, 저렴한 편은 아니지만 빈티지를 좋아하는 사람이라면 그냥 지나치기 힘들 것. 방문 전 SNS를 통해 보유하고 있는 제품들을 체크할 수 있다. 카페는 낡은 기차 내부를 연상시키는 독특한 인테리어에 디저트와 음료 모두 나쁘지 않다.

ARI

소소한 동네 산책, 아리

소소한 동네 산책

BTS 아리역을 기준으로 서쪽 일대는 수년 전부터 아기자기하고 세련된 카페와 상점이 하나둘 들어서며 주목받고 있다. 역 3번 출구로 나가면 소이 1을 따라 로컬들의 삶을 들여다볼 수 있는 작은 시장 골목이 나오고, 메인 길인 소이 7을 조금 더 깊숙이 들어가면 통로 & 에까마이와는 또 다른 매력의 공간들을 만날 수 있다. 동네 자체가 그다지 크지 않아 산책하듯 걸어서 둘러볼 수 있다는 것이 아리의 즐거움. 또한, 오피스 건물과 단독주택이 많아 전체적으로 정돈되고 차분하고 느낌이다. 여행지에서 로컬이 거주하는 동네에 숙소를 잡고 산책하듯 여행하는 것을 좋아한다면 아리를 추천한다.

Ari 아리

- a. Porcupine Café 포큐파인 카페
- b. Calm Spa Ari 캄 스파 아리
- c. GUMP's Ari Community Space 검프 아리 커뮤니티 스페이스
- d. Tham·Ma·Da Cafe & Shop 탐마다 카페 & 숍

Ⓐ 48 Soi Ari 4 Ⓖ 13.78315, 100.5429
Ⓣ 02-126-7894 Ⓗ 화-일 11:00-19:00(월 휴무)
Ⓘ @porcupinecafe Ⓜ Map → 7-C1

a. Porcupine Café 포큐파인 카페

돌과 목재를 활용하여 마치 숲속 산장과 같이 꾸민 내부. 빈티지하고 소박한 분위기가 안락한 느낌을 준다. '고슴도치 카페'라는 이름에 걸맞게 가게 곳곳에서 고슴도치 오브제를 발견할 수 있다. 로컬 사이에서는 꽤 인기를 끌고 있는데, 오픈 시간에 맞춰 방문해 앉아 있으면 한 시간 내로 나머지 좌석이 빠르게 차는 것을 볼 수 있을 정도. 커피와 디저트, 그리고 식사 메뉴를 선보인다.

Ⓐ Soi Ari 1 Ⓖ 13.78042, 100.54398
Ⓣ 094-639-3653 Ⓗ 10:00-19:30
Ⓘ @witty_ville Ⓜ Map → 7-D1

b. Witty Ville 위티 빌

소이 1, 시장 골목에 자리잡은 아기자기한 스콘 테이크아웃 전문점. 매장은 협소하지만, 곳곳에 배치된 소품과 유럽 풍 인테리어에서는 주인장의 트렌디한 감각이 돋보인다. 플레인, 딸기, 누텔라, 녹차, 마카다미아 등 다양한 맛의 스콘을 판매하며, 진열대 위로 소복하게 쌓인 스콘을 구경하는 재미가 쏠쏠하다. 스콘이 메인이지만 파운드케이크 등도 소소하게 판매 중.

Ⓐ 13 Soi Ari 4 Ⓖ 13.78415, 100.54388
Ⓣ 096-941-8645 Ⓗ 10:00-23:00
Ⓤ calmspathailand.com Ⓜ Map → 7-M1

c. Calm Spa Ari
캄 스파 아리

많은 여행자가 캄 스파 방문을 위해 아리를 찾는다고 말할 정도로 인기인 스파. 마사지부터 보디 스크럽, 페이셜 트리트먼트 등 다양한 서비스를 제공한다. 항상 예약이 가득 차 있기 때문에 반드시 예약하고 방문해야 한다. 1층에 위치한 카페 레스토랑도 인기 만점. 스파 후에 들러 식사하기 좋다.

Ⓐ 25 Soi Ari 4 Ⓖ 13.78352, 100.54349
Ⓣ 093-292-5987
Ⓗ 10:00-20:30(가게별 상이)
Ⓤ facebook.com/GumpsAri
Ⓜ Map → 7-S4

Plus.

HOTEL JOSH 호텔 조쉬

아리의 감각적인 호텔. 이곳을 찾는 대부분의 투숙객은 조쉬의 심볼인 수영장, 호텔 곳곳의 감성적인 포토 스폿, 그리고 1층의 귀여운 아이스크림 가게를 보고 숙박을 결정한다. 생각보다 객실이 좁아 오래 머물기엔 불편함이 있지만, 하루쯤 묵으며 아리를 산책하기엔 이만한 곳이 없다.

Ⓐ 19, 2 Soi Ari 4 Ⓖ 13.78361, 100.5441
Ⓣ 02-102-4999 Ⓤ joshhotel.com
Ⓜ Map → 7-H1

d. GUMP's Ari Community Space
검프 아리 커뮤니티 스페이스

2019년 하반기, 소이 4에 새롭게 오픈한 커뮤니티 몰. 대부분의 커뮤니티 몰은 입점해 있는 가게들이 자신의 개성을 드러내기 힘든 구조이지만, 검프 아리는 다르다. 가게마다 입구를 다르게 만들어 한 곳 한 곳의 매력이 그대로 드러난다. 카페부터 바, 라이프스타일 숍까지 다양한 상점이 입점해 있으며, 공간 전체를 아우르는 복고풍의 포토제닉한 분위기는 젊은 방콕커들을 매료하고 있다.

e. Tham·Ma·Da Cafe & Shop
탐마다 카페 & 숍

친절한 일본인 할머니가 운영하는 카페 겸 숍. 녹색 나무 문을 밀고 들어서면 마치 동화와 같은 세상이 펼쳐진다. 직접 만든 디저트와 가볍게 맛볼 수 있는 한 끼 식사, 그리고 상큼한 탐마다 오리지널 드링크를 포함한 다양한 카페 메뉴를 선보인다. 또한, 카페 곳곳에서 태국 디자이너들의 작고 귀여운 공예 제품들도 만날 수 있다. 카페 공간 옆으로 아담한 미니 정원이 있으니 놓치지 말고 체크.

Ⓐ 65 Soi Paholyothin Khwaeng Samsen Nai
Ⓖ 13.77692, 100.54253 Ⓣ 097-237-6216
Ⓗ 화-일 11:00-17:00(월 휴무)
Ⓘ @tham.ma.da Ⓜ Map → 7-C3

아리 추천 레스토랑 Restaurant in Ari

Shamballa Somtam
삼발라 쏨땀 (p.080)

가게 이름에서도 알 수 있듯, 쏨땀을 전문으로 하는 곳이다. 쏨땀뿐만 아니라 닭구이, 팟타이, 똠얌꿍도 제대로 하니 위장만 허락한다면 이것저것 주문해 맛볼 것!

Ⓖ 13.78182, 100.54365 Ⓗ 10:30-22:00
Ⓜ Map → 7-R1

Lay Lao 레이 라오 (p.080)

태국 북동부의 요리를 맛볼 수 있는 캐주얼 다이닝. 2018년부터 꾸준히 빕구르망에 이름을 올리고 있다. 해산물이 들어간 요리를 특히 잘하며, 쏨땀도 맛있다.

Ⓖ 13.78174, 100.54378
Ⓗ 10:30-22:00
Ⓜ Map → 7-R2

CHINATOWN

차이나타운

과거와 현재의 조화로운 하모니

방콕의 차이나타운은 세계의 모든 차이나타운 중 그 역사가 가장 긴 것으로 알려져 있다. 중국어로 적힌 화려한 네온사인, 복잡하게 얽힌 골목, 줄줄이 이어지는 금 거래소, 샥스핀을 판매하는 가게들, 중국 요리 전문점 등 이곳이 방콕인지 중국인지 헷갈릴 정도로 중국 고유의 문화가 대에 대를 이어 고스란히 전해져 오고 있다.
하지만 최근에는 골목 구석구석 태국과 중국의 감성을 절교하게 접목한 공간들이 늘어나며 젊은 방콕커들 사이에서 힙한 지역으로 부상했다. 타이-차이니즈의 분위기를 트렌디하게 살린 카페와 바, 그리고 오랜 건물의 내부를 수리해 독특한 매력으로 승화시킨 빈티지 인더스트리얼 인테리어의 공간들. 중국 고유의 역사와 과거에 얽매여 있던 이 지역이 이제 자신들만의 스타일을 고수하면서도 트렌드를 선도해 나아가는, 완전히 새로운 스폿으로 다시 주목받고 있다.

1. 야왈랏 로드 Yaowarat Road

a. Wat Traimit 왓 뜨라이밋(황금불 사원)
b. Wat Mangkon Kamalawat 왓 망껀 까말라왓
c. Chinatown Market 차이나타운 마켓

2. 소이 나나 Soi Nana

d. JADE OLDTOWN Cafe 제이드 올드타운 카페
e. Wallflowers Cafe 월플라워스 카페

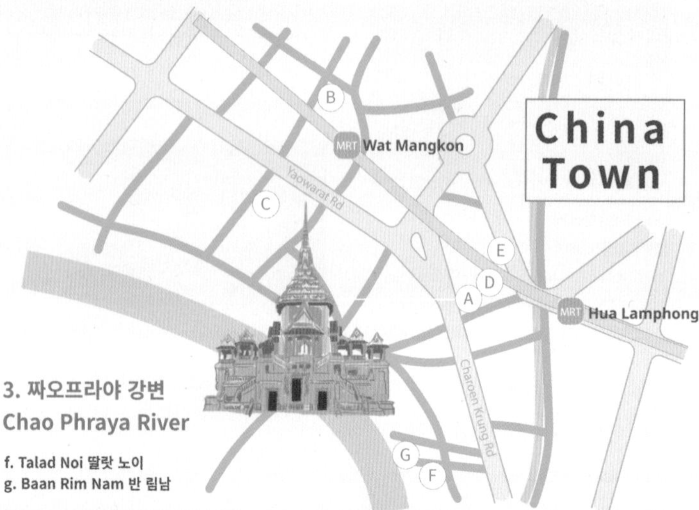

3. 짜오프라야 강변 Chao Phraya River

f. Talad Noi 딸랏 노이
g. Baan Rim Nam 반 림남

1 Yaowarat Road
야왈랏 로드

차이나타운의 메인 길. 로컬 식당과 노상, 금 거래소, 샥스핀 가게 등 지극히 '중국'스러운 스폿들이 거리를 가득 메우고 있다. 낮에도 북적이지만 야왈랏 로드의 시작은 저녁 6시부터. 사람이 너무 많아 차도의 가장 끝 차선을 인도로 사용할 정도다.

Ⓐ 423 Charoen krung Rd Ⓖ 13.74368, 100.50961
Ⓣ 02-222-3975 Ⓗ 06:00-18:00 Ⓜ Map → 3-★10

b. Wat Mangkon Kamalawat
왓 망껀 까말라왓

1871년, 주변 화교들의 기부금으로 건설된, 방콕에서 가장 오래된 중국식 불교사원. 중국 남부의 전통적인 사원 건축 방식에 따라 지어졌다. 이곳에서 소원을 빌면 이루어진다고 하여 태국 각지에서 많은 이들이 찾는다. 특이하게도 내부로 들어가는 입구가 고층 건물로 되어 있는데, 이곳에서 승려의 교육을 진행한다.

Ⓐ 661 Charoen Krung Rd
Ⓖ 13.7377, 100.51358
Ⓣ 089-002-2700
Ⓗ 08:00-17:00
Ⓟ 황금불상 40밧, 차이나타운 박물관 100밧
Ⓜ Map → 4-★11

a. Wat Traimit
왓 뜨라이밋(황금불 사원)

야왈랏 로드 시작점에서 보이는 황금색 지붕의 사원이 바로 왓 뜨라이밋이다. 높이 3m, 무게 5.5t의 황금불은 13세기 제작된 것으로 추측되는데, 제작 직후 약탈 방지를 위해 회반죽을 두껍게 발라 흔한 석고상으로 여겨져 왔다. 하지만 1955년, 불상을 옮기다가 실수로 떨어뜨리는 바람에 바깥쪽 석고가 깨지며 황금불임이 밝혀졌다고. 원래는 화교들이 주로 방문하는 사원이었으나, 황금 불상이 발견된 이후로 태국 전역에서 많은 사람들이 찾게 되었다.

Nearby.

Tai Sia Huk Chou Shrine
손오공 사원

원래는 왓 뜨라이밋의 일부였으나 황금불 사원이 확장 공사를 하며 떨어져 나오게 되었다. 태국인들은 손오공의 초자연적인 숭배하며 사당에 참배한다.

Ⓐ 661 Tri Mit Rd Ⓖ 13.73883, 100.5141
Ⓣ 02-221-9018 Ⓗ 08:00-18:00
Ⓜ Map → 4-★12

쌈펭 시장
Ⓖ 13.74013, 100.50766
Ⓜ Map → 4-★16
크롱 톰 시장
Ⓖ 13.74486, 100.5068,
Ⓜ Map → 4-★17
나컨 까쎔
Ⓖ 13.74533, 100.50449
Ⓜ Map → 4-★15

C. Chinatown Market
차이나타운 마켓

차이나타운은 야왈랏 로드를 중심으로 형성된 거대한 시장 지구라고 해도 과언이 아니다. 의류와 액세서리 중심인 쌈펭 시장 Sampeng Market을 비롯해 낡은 전자 제품과 장난감 등을 판매하는 크롱 톰 시장 Khlong Thom Market, '도둑시장'이라고도 불리는 골동품 & 모조품 시장 나컨 까쎔 Nakhon Kasem 등 취급하는 항목에 따라 구역이 나뉜다.

2 Soi Nana
소이 나나

옛 그대로의 건물을 젊은 감성으로 재해석한 소이 나나의 공간들은 중국과 태국, 그사이의 아슬아슬한 줄타기를 선보인다. 놀라움을 넘어서 감동을 선사하는 소이 나나의 아름다운 공간들을 천천히 둘러 보자.

d. JADE OLDTOWN Cafe 제이드 올드타운 카페

라마 4세 거리에서 소이 나나로 들어가는 초입 반대편에 위치한 카페. 무려 130여 년 전 세워진 건물을 그대로 사용하고 있다. 약재상으로 사용되던 공간이어서 그 특징이 곳곳에 남아 있다. 1층은 카페, 2층은 전시 공간으로 사용하고 있으니 잊지 말고 2층도 꼭 둘러볼 것. 커피, 과일 주스 등 평범한 카페 메뉴는 물론 흑임자를 활용한 독특한 메뉴도 선보인다.

Ⓐ 86 Charoen Krung Rd Ⓖ 13.73863, 100.51437
Ⓣ 065-549-4924 Ⓗ 10:00-18:00 Ⓘ @jadeoldtown
Ⓜ Map → 4-C7

Plus.

소이 나나 바 호핑 (p.096)
소이 나나의 낮은 조금 심심하다. 이곳의 진가는 오후 6~7시에 시작된다. 곳곳에 숨어 있던 바들이 하나 둘 빛을 밝히며 자신의 존재감을 뽐내고, 차려 입은 사람들이 삼삼오오 모여든다. 이곳에 오면 바 한 곳에 앉아 진득하게 있기보다는 이곳저곳 옮기며 '바 호핑'을 즐겨 보기 바란다.

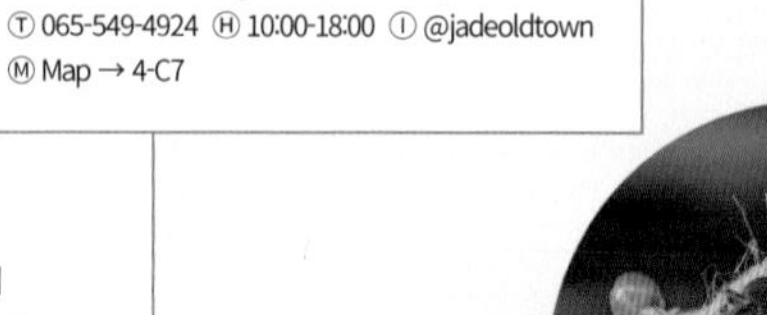

e. Wallflowers Cafe 월플라워스 카페 (p.071)

소이 나나에서 가장 유명한 카페. 입구로 들어서면 꽃가게가 나오고 그 뒤쪽으로 카페 공간이 시작된다. 카페는 1층과 복층, 그리고 2층으로 나뉘는데 모든 층이 분리되지 않고 이어져 있으며, 천장에서 떨어지는 빛이 공간 전체를 밝힌다. 복잡함 속의 정돈, 그리고 낡음 속의 새로움. 이 모든 인테리어 아이디어는 건축 관련업에 종사하던 오너의 머리 속에서 나왔다고. 커피 메뉴를 비롯해 다양한 시그니처 메뉴, 그리고 디저트를 판매하는데 모든 메뉴는 매장에서 직접 만든다.

Ⓖ 13.73979, 100.51425 Ⓗ 11:00-01:00
Ⓜ Map → 4-C8

3 Chao Phraya River 짜오프라야 강변

방콕 시내를 남북으로 관통하는 짜오프라야강은 과거엔 물류 이동의 핵심 루트로, 지금은 시민들의 발이 되어 주는 존재이다. 이러한 짜오프라야강 주변으로 멋진 리버 뷰를 자랑하는 공간들이 자리하고 있다. 그중에서도 차이나타운에 인접한 몇 곳을 소개한다.

f. Baan Rim Nam 반 림남

과거 선착장으로 사용되던 건물이 멋진 카페 겸 바, 그리고 전시 공간으로 재탄생했다. 오스트리아 출신 오너 '집시'는 2층에서 작품 활동을 하고, 그의 태국인 아내는 주방 일을 도맡는다. 옛 모습을 그대로 보존한 실내는 에어컨이 없지만 선선하고, 곳곳에서 느껴지는 집시의 예술적인 감각은 찾는 이로 하여금 영감을 준다. 커피와 홈메이드 소프트 드링크 등의 카페 메뉴와 태국식 타파스와 같은 스타터 메뉴, 그리고 바 메뉴를 선보이는데, 주변 상권 보호를 위해 맥주 등은 판매하지 않는다고. 느긋하고 자유분방한 집시의 성격 덕분에 때때로 오픈 일이 아닌 날에 문을 열고, 오픈 날에는 문을 닫기도 한다.

Ⓐ 378 Soi Wanit 2, Talad Noi
Ⓖ 13.73347, 100.51183 Ⓣ 099-142-5592
Ⓗ 목-일 12:00-22:00(월, 화, 수 휴무)
Ⓤ baanrimnaam.com Ⓜ Map → 4-C8

시간이 있다면 여기도

LHONG 1919 롱 1919

짜오프라야강 건너편에 위치한 중국인 커뮤니티. 중앙의 마주 신사 MAZU Shrine을 중심으로 다양한 아트 상점과 전시관, 식당이 입점해 있다. 오래된 공장 건물을 그대로 살린 세련된 인테리어 덕분에 최근 포토 스폿으로 주목받고 있다.

Ⓐ 248 Chiang Mai Rd Ⓖ 13.73446, 100.50824
Ⓣ 091-187-1919
Ⓗ 마주 사원 & 아트 상점 10:00-18:00
Ⓤ lhong1919.com

가는 방법

차이나타운에서 짜오프라야 강변의 사왓디 피어 Sawasdee pier까지 걸어가 5밧을 주고 보트를 타거나, 아이콘 시암(p.117) 구경 후 무료 셔틀 보트를 타고 이곳으로 이동하는 것도 가능. 홉온 홉오프 보트도 이곳에 정차한다. 택시로도 갈 수 있다.

Tip. 가는 방법

왓 뜨라이밋에서 걸어서 10분. 택시나 그랩을 타고 이동할 예정이라면 홀리 로사리 성당 Holy Rosary Church 앞에서 하차하면 된다.

g. Talad Noi 딸랏 노이

'거대한 시장' 지구 차이나타운 끄트머리, 짜오프라야 강변에 인접한 딸랏 노이. 딸랏 노이는 '작은 시장'을 뜻한다. 2019년 방콕 디자인 위크 당시, 딸랏 노이 지역 전체가 전시장으로 사용되며 수많은 사람들이 찾았고, 그 이후로도 관심이 이어지고 있다. 200년은 족히 넘은 호키엔 스타일의 건물들, 그리고 그 역사 위로 자신의 삶을 기록하고 있는 딸랏 노이 주민들을 모습을 천천히 걸으며 두 눈에 담아 보자.

Ⓐ Talad Noi, Samphanthawong
Ⓖ 13.731878, 100.513697 Ⓜ Map → 4-★18

SPOTS TO GO TO

황금빛 찬란한 왕궁, 다양한 매력의 사원들, 카오산 로드와 같은 고전적인 명소는 물론,
방콕 시내가 한눈에 내려다보이는 킹 파워 마하나컨 전망대, 태국 예술의 허브 TCDC 일대까지.
지루할 틈 없는 방콕의 볼거리들을 따라 바지런히 걸음을 옮겨 보자.

Wat Phra Kaew & The Grand Palace 왓 프라깨우 & 왕궁

방콕의 올드타운, 라따나꼬신

Rattanakosin

태국의 중심부, 방콕의 올드타운. 라따나꼬신이라고 불리는 이곳은 약 240년을 이어져 온 태국의 현 왕조, 짜끄리 왕조가 시작된 역사적인 지구이다. 과거와 현재가 공존하는 이 아름다운 곳에서 태국의 역사와 그곳을 살아가는 사람들의 속살을 들여다보자.

Rattanakosin :

1. Around The Grand Palace 왕궁 주변

왕궁을 중심으로 짜끄리 왕조와 관련한 다양한 역사적인 스폿들이 이어진다. 방콕의 강렬한 햇살과 닮은 이 일대의 건축물들은 지극히도 태국스러운 색채를 발한다. 태국의 왕조, 그리고 로컬에 관한 이해가 깊어지는 왕궁 일대 산책.

왕궁 주변

Wat Phra Kaew & The Grand Palace

왓 프라깨우 & 왕궁

Ⓐ Na Phra Lan Road, Phranakorn Ⓖ 13.75009, 100.4913
Ⓣ 02-623-5500 Ⓗ 티켓 판매 08:30-15:30 Ⓟ 외국인 입장료 500밧
Ⓤ royalgrandpalace.th Ⓜ Map → 4-★6, 7

태국 최고의 자랑이자 볼거리인 왕궁. 하지만 단순 관광지로서 접근하기에는 아쉬움이 남는다. 현 방콕 왕조인 '짜끄리 왕조'의 탄생과 함께 1782년 짜오프라야강 동쪽에 모습을 드러낸 역사적인 장소. 아시아 국가 중에서는 비교적 이른 시기부터 유럽과의 교류를 시작했던 탓인지, 서양 건축물의 특징이 곳곳에서 보인다.
그동안 라마 1세부터 9세까지 총 9명의 왕이 이곳을 거쳤으며, 현재는 10번째 왕, 라마 10세가 주인으로 있는 왕궁. 이곳을 거닐며 민주주의 국가의 국민으로서 호기심과 궁금증을 가질 수밖에 없는, 태국인들의 왕실을 향한 존경심과 애정을 이해하는 시간을 가져 보자.

Tip. 방문 전 꼭 확인하세요!

1. 개방 여부
왕궁 공식 홈페이지 스케줄 탭에서 방문 예정일을 클릭하면 개방 여부가 나온다. 왓 프라깨우와 본당인 우보솟, 그리고 왕궁의 개방 여부를 각각 공지하고 있다. 왕실에 행사가 있어 문을 닫는 날이 생각보다 많으니 반드시 확인하자!

2. 옷차림
대부분의 사원과 마찬가지로 왕실도 방문 시 옷차림에 주의해야 한다. 무릎이 보이는 반바지와 치마, 소매가 없는 티셔츠, 그리고 샌들은 입장을 거부당할 수 있다. 애매한 길이여도 걸리는 경우가 있으니, 카디건이나 양말을 준비해 가면 좋다. 보증금을 받고 스카프 혹은 바지를 대여해 주기도 한다.

3. 외국인 입장 입구는 한 곳!
왕궁 주변을 걷다 보면 열려 있는 문들이 간간히 있는데, 관계자 혹은 태국인만 입장 가능한 입구이다. 외국인은 북쪽의 입구로만 들어갈 수 있다(Ⓖ 13.752388, 100.491192).

4. 그랩 이용 제한
왕궁 인근은 그랩 카 이용이 제한된다. 왕궁 앞을 지날 때 불시 검문당하는 경우가 있는데 그랩인 것이 발각될 경우 운전자는 2,000밧의 벌금을 내야 한다. 그래도 미터 택시는 영 내키지 않는다면 '그랩 카'가 아닌 '그랩 택시'를 부를 것.

Nearby.

Bangkok City Pillar Shrine
방콕 기둥 사당
라마 1세가 짜오프라야강 동쪽에 도읍을 정하고 왕궁 터 대각선 자리에 이 기둥 사당을 지었다. 이후로 태국의 주요 도시에는 이와 같은 기둥 사당들이 세워졌다고. 이름에서도 알 수 있듯 사당 내에 기둥이 서 있는데 태국의 국화인 라차프륵의 나무로 만들었다. 하루 수차례 태국의 전통공연을 진행해 쉬었다 가기 좋다
Ⓐ 2 Lak Muang Rd
Ⓖ 13.75255, 100.49396
Ⓣ 02-222-9876 Ⓗ 06:30-18:00
Ⓜ Map → 4-★5

a. Wat Phra Kaew 왓 프라깨우

왕궁의 정문으로 들어서면 좌측으로 가장 먼저 왕실의 사원인 '왓 프라깨우'가 나온다. 1782년 왕궁의 탄생과 함께 짜끄리 왕조의 호국절로써 건축되었다. 방콕의 강렬한 햇볕에 화려하게 반짝이는 왓 프라깨우의 건축물들과 바람에 짤랑짤랑 울리는 풍경 소리는 환상적인 분위기를 자아낸다. '에메랄드 사원'이라고도 불리는 이곳은 본당인 우보솟 Ubosoth에 에메랄드 불상이 있는 것으로 유명하다. 우보솟 외에도 두 개의 쩨디 Chedi(불탑)와 도서관, 앙코르 왓 모형 등의 볼거리가 있으니 천천히 둘러보자!

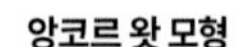

앙코르 왓 모형

태국 왕실 사원에 왜 캄보디아의 상징인 '앙코르 왓 Angkor Wat'의 모형이 있을까? 역사적으로 서로 침략하고 침략당한 역사를 가지고 있는 태국과 캄보디아. 양국 사이에 앙코르 왓이 누구의 것인지에 관해 꾸준히 논란이 되어 왔다. 왕궁의 앙코르 왓 모형은 한때 '태국의 것이었던 앙코르 왓'을 볼 수 있는 전시물이다.

에메랄드 불상

우보솟 내에 있는 신성한 에메랄드빛 불상. 이 영험한 불상은 1434년 치앙라이에 있는 사원의 쩨디에서 발견된 이후 치앙마이를 거쳐 이웃 국가인 라오스에서 약 200여 년간 보존되다 1778년 딱신 왕조 때 다시 태국으로 돌아왔다. 딱신 왕조가 1대로 실각하고 1782년 짜끄리 왕조가 들어섬과 동시에 왓 프라깨우의 본당으로 옮겨졌다. 현재는 왕만이 이 불상을 만질 수 있으며, 1년에 3회 직접 옷을 갈아입힌다고 한다.

에메랄드빛을 띠고 있지만,
에메랄드가 아닌
'벽옥(푸른색옥)'이다!

회랑 벽화

왓 프라깨우를 둘러싼 회랑을 걷다 보면 길게 이어지는 벽화를 볼 수 있다. <라마야나 Ramayana>라고 하는 힌두교의 대서사시를 그림으로 기록한 것인데, 왓 프라깨우 건축과 동시에 제작되었으며 이후 수차례 보수했다.

짜끄리 마하 프라삿

왕궁의 중앙, 앞뜰 바로 뒤로 있는 건물 짜끄리 마하 프라삿은 Chakri Maha Prasat은 1882년 라마 5세가 짜끄리 왕조 100주년을 기념해 건축한 것이다. 왕궁 내 건축물 중 유럽 건축의 특징을 가장 많이 띄는데, 특히 지붕을 뺀 거의 모든 부분이 서양식이다. 지붕은 돔 대신 태국 전통 양식을 택해 '태국 모자를 쓴 서양인 Westerner with a Thai Hat'이라는 별명으로 불리기도 한다.

왓 프라깨우 뮤지엄

짜끄리 마하 프라삿을 지나 하얀 외벽이 인상적인 두씻 마하 프라삿 Dusit Maha Prasat을 보고 나면 왕궁 관람도 끝이 난다. 출구로 나가기 전 왼편에 위치한 왓 프라깨우 뮤지엄에 들러 보도록 하자. 왓 프라깨우에 관한 전시를 볼 수 있다.

Plus.

전통 공연

왕궁 입장 티켓에 붙어 있는 싸라 찰럼꾸룽 국립극장 Sala Chalermkrung Royal Theatre 입장권으로 전통 공연 '콘 마스크 Khon Masked'를 볼 수 있다. 평일 10:30, 13:00, 14:30, 16:00, 17:30에 진행되며 왕궁 출구 앞에서 국립극장으로 향하는 셔틀 차량을 운영 중이다.

테라스

왕궁 밖에서 볼 수 있는 수타이사완 프라삿 트론 홀 Suthaisawan Prasat Throne Hall의 테라스(Ⓖ 13.749372, 100.493796). 라마 10세가 대관식을 올리고 처음으로 국민들 앞에 모습을 나타낸 곳으로 왕궁을 찾는 태국인들은 반드시 이 앞에서 인증 샷을 찍는다!

b. The Grand Palace 왕궁

왓 프라깨우 관람이 끝나면, 자연스럽게 왕궁으로 이동하게 된다. 유럽의 정원을 연상하게 하는 정돈된 앞뜰과 아름다운 건물들. 특히 건물은 서양의 건축 양식과 태국의 전통적인 건축 양식이 혼합되어 있어 눈길을 사로잡는다. 실제로 이곳에 왕이 거주하지는 않고, 외교 또는 국가 행사 시에만 사용된다.

왕궁 근처 박물관

National Museum
국립 박물관

Ⓐ Soi Na Phra That(왕궁에서 도보 8분)
Ⓖ 13.75739, 100.4923
Ⓗ 수-일 08:30-16:00(월, 화 및 공휴일 휴무)
Ⓟ 입장료 200밧
Ⓜ Map → 4-★1

동남 아시아 최대 규모의 박물관으로, 1874년 라마 5세에 의해 개관했다. 태국의 예술품과 유물, 건축 등에 관한 전시가 시대별로 잘 정리되어 있다. 여러 건물로 나뉘어 있으니 찬찬히 둘러 보자.

Museum Siam
시암 박물관

Ⓐ 4 Sanam Chai Rd(왕궁에서 도보 12분)
Ⓖ 13.74414, 100.49413 Ⓣ 2-225-2777
Ⓗ 화-일 10:00-18:00(월 휴무)
Ⓟ 100밧
Ⓜ Map → 4-★9

유럽 스타일의 아름다운 건물에 자리한, 지극히도 태국스러운 전시품들을 만날 수 있는 박물관. 태국의 역사와 전통, 문화, 사회 풍습, 음식, 의상 등 다양한 내용을 보여 준다. MRT 싸남 차이 Sanam Chai역 바로 앞에 있다

왕궁 주변

Wat Pho 왓 포

Ⓐ 2 Sanam Chai Rd Ⓖ 13.74657, 100.4933 Ⓣ 083-057-7100
Ⓗ 08:00-18:00 Ⓟ 입장료 200밧
Ⓤ watpho.com Ⓜ Map → 4-★8

왕궁 남쪽에 인접한 방콕 최대, 최고 最古의 불교 사원. 짜끄리 왕조가 시작되기도 전인, 17세기 아유타야 시대에 지어졌다. 이곳을 태국에서 가장 유명한 사원 중 하나로 만든 주인공은 바로 태국에서 가장 큰 와불(누워 있는 불상)이다. 와불은 그 크기가 길이 46m, 높이 15m에 달하는데 불당을 가득 채울 정도다. 왓 포에서 와불 다음으로 유명한 것은 마사지 스쿨. 이곳에서 태국의 전통 마사지를 배우거나 받을 수 있다. 무릎 위로 올라가는 치마와 바지, 민소매 티셔츠, 샌들 등은 입장이 제한될 수 있다.

Tip. 왓 Wat이란?

태국 관련 정보를 찾다보면 '왓'이라는 글자가 들어가는 스폿 명이 참 많은데, 왓은 태국어로 사원을 뜻한다.

우보솟

왓 포의 본당, 우보솟은 라마 1세가 지은 건축물로 외부 회랑과 내부 회랑, 두 개의 회랑에 둘러싸인 구조로 되어 있다. 중앙에는 화려한 제단 위에 본존이 앉아 있으며, 본존 아래로 라마 1세의 뼈가 안치된 것으로 알려진다.

시간이 있다면 여기도

빡끌롱 꽃시장 Pak Khlong Talat

운하 시장을 뜻하는 '빡끌롱 딸랏'은 18세 초 라마 1세 통치 당시 선상 시장으로 시작되어 이와 같은 이름이 붙었다. 현재는 꽃을 비롯한 채소 판매가 주를 이룬다.

Ⓐ 116 Chakphet Rd(왓포에서 도보 10분)
Ⓖ 13.7418, 100.49636
Ⓗ 24시간 Ⓜ Map → 4-★14

와불

길이 46m, 높이 15m에 달하는 이 황금색 와불은 태국에서 가장 큰 것으로 알려진다. 수많은 인파가 한눈에 담기 어려울 정도로 큰 와불을 둘러싸고 연신 셔터를 눌러대며, 방콕의 현지인들은 중간 중간 놓인 미니 와불 앞에서 참배를 한다. 와불의 등쪽으로 돌아가면 동전을 넣는 108개의 항아리가 나온다. 기부금으로 20밧을 내면 1밧짜리 동전을 100여 개 주는데, 이를 모든 항아리에 골고루 나눠 넣으면 행운이 찾아 온다고 한다.

네 개의 탑

우보솟에서 와불이 있는 불당 사이에 라마 1세부터 4세까지를 상징하는 화려한 네 개의 탑이 있다.

중국식 석상을 찾아보는 것도 왓 포를 즐기는 또 하나의 방법!

Tip.

사실 왓 아룬은 강 건너 톤부리 지구에 있지만, 대부분의 방문객이 이 두 곳을 묶어서 여행하므로 편의상 함께 소개한다

왓 포에서 왓 아룬 가는 방법

왕궁과 왓 포 사이 대로 타이 왕 Thai Wang을 따라 걷다 보면 타띠안 선착장(Ⓖ 13.746242, 100.490118)이 나온다. 이곳에서 4밧을 내면 왓 아룬 선착장까지 보트를 타고 이동할 수 있다.

왕궁 주변

Wat Arun

왓 아룬(새벽 사원)

Ⓐ 158 Thanon Wang Doem Ⓖ 13.7437, 100.48892
Ⓣ 02-891-2185 Ⓗ 08:00-18:00 Ⓟ 입장료 200밧 Ⓜ Map → 4-★13

아유타야 시절에 건축된 크메르 양식의 불교 사원으로, 17세기 딱신왕에 의해 톤부리 왕조의 왕실 사원으로 지정되었던 곳이다. 톤부리 지구 동단에 위치해, 해가 가장 먼저 비춘다는 의미에서 왓 아룬, 한국어로 풀이하면 새벽 사원이라는 이름이 붙었다. 태국의 사원은 황금색이라는 이미지가 강하지만, 왓 아룬은 흰색을 띠는데, 이는 힌두교의 영향을 받았기 때문이다. 사원을 걷다 보면 흰색 사원을 휘감고 있는 알록달록 모자이크 장식 사이로 원형을 간직한 그릇들을 발견하는 재미도 쏠쏠하다.

태국의 10밧 동전뒤에 왓 아룬의 모습이 새겨져있으니, 비교해보자!

우보솟
프라 쁘랑의 인기로 인해 빛을 보지 못하고 있는 본당, 우보솟. 라마 2세 시대에 지어졌으며, 우보솟 앞으로 두 개의 거대한 약(도깨비)이 문지기 역할을 하며 서 있다. 내부에 모신 본존은 라오스에서 가져온 것. 본당을 둘러싼 회랑에 120체에 달하는 불상이 줄지어 서 있다.

프라 쁘랑
가운데 가장 높이 솟아 있는 탑, 프라 쁘랑 Phra Prang. 톤부리 시절까지만 해도 이처럼 높지 않았는데, 라마 2세부터 3세 시대 사이에 70m가량의 높이로 증축되었다고 한다. 원래는 탑의 가장 높은 곳까지 올라갈 수 있었지만, 지금은 중간층까지만 오픈되어 있다. 계단의 경사가 유독 가파른 것은 계단을 오르며 고개를 들지 못하도록 설계했기 때문. 탑 첨탑 부근의 창문에 머리가 세 개 달린 코끼리, 에라완에 올라탄 힌드라 신이 있다.

네 개의 탑
프라 쁘랑을 둘러싼 네 개의 탑은 프라 쁘랑의 증축과 함께 건설된 것이다. 네 개의 탑 안에 각각 다른 불상이 안치되어 있다.

Rattanakosin :

2. Around Khaosan Road

카오산 로드 주변

오랫동안 '배낭여행자의 성지'로 불려 온 카오산 로드를 중심으로 저렴한 음식점, 숙소, 나이트라이프 스폿 등이 몰려 있다. 예전만큼의 자유분방한 분위기는 많이 사라졌지만, 물가가 고공 상승 중인 방콕에서 여전히 주머니 가벼운 여행자들을 보듬어 주는 건 이 일대 뿐이다.

Rambutti road 람부뜨리 로드

Plus. 조조 팟타이 JoJo Padthai

카오산 로드에서 가장 유명한 팟타이 전문점. 저녁쯤 되면 카오산 로드 서쪽의 맥도날드 앞으로 조조 팟타이 노상이 들어선다. 한국어로 적힌 간판에 '여기가!! 오리지널'이라고 적혀 있어 웃음이 난다. 맛은 유명세에 비해 무난한 편.

Ⓐ 48 Khaosan Rd Ⓖ 13.759417, 100.496185
Ⓗ 24시간 영업

카오산 로드 주변

Khaosan Road 카오산 로드

Ⓐ Thanon Khao San Ⓖ 13.75884, 100.49735 Ⓜ Map → 4-★2

자기주장 강한 간판들이 어지럽게 달려 있고, 배낭을 멘 여행자들이 여기저기서 흘러나오는 음악 소리에 발맞춰 걸어 다닌다. 밤낮 할 것 없이 술집에는 맥주 한잔하는 사람들로 넘쳐나고, 길게 늘어선 마사지 숍에서는 얼굴만 보고 국적을 어떻게 알아내는 건지 다양한 언어로 호객을 한다. 노상에는 소소하게 사기 좋은 기념품부터 무시무시하게 생긴 악어와 전갈까지 없는 게 없고, 곳곳에 자리한 여행사에서는 각종 투어 프로그램을 제안한다.
최근 '상업성이 강해졌다', '마사지숍밖에 없다', '예전만 못하다'는 평을 듣기도 하지만, 그럼에도 카오산 로드는 방콕에 찾았다면 꼭 한 번은 들러보기 바란다. 여전히 전 세계적으로 카오산 로드 같은 곳은 찾기 힘든, 유일무이한 '배낭여행자의 성지'이니 말이다.

Nearby.

방람푸 박물관 Pipit Banglamphu Museum

카오산 로드와 람부뜨리 로드를 포함한, 방람푸 일대의 히스토리에 관한 전시를 하고 있다. 무료 전시이니 근처를 지난다면 가벼운 마음으로 들러 보자.

Ⓐ Phra Sumen Rd Ⓖ 13.76353, 100.49645
Ⓣ 02-281-9828 Ⓗ 화-금 8:30-15:00, 토-일 10:00-16:00(월 휴무) Ⓜ Map → 4-E1

람부뜨리 로드 가는 방법

카오산 로드 동쪽으로 걷다 보면 와이를 하고 있는 맥도날드 마스코트 로널드가 나오기 직전 좌측에 수지 워킹 스트리트 Susie Walking Street라고 적힌 작은 길이 보인다. 이곳을 빠져나가면 람부뜨리 로드에 도달한다.

카오산 로드 주변

Rambuttri Road 람부뜨리 로드

Ⓐ Soi Ram Butri Ⓖ 13.759355, 100.498406 Ⓜ Map → 4-★3

카오산 로드 옆길. 카오산 로드보다 길이 좁고 나무가 많아 아기자기하고 수수한 느낌이다. 저녁이 되면 여기저기 귀여운 조명들이 불을 밝혀 카오산과는 전혀 다른 분위기를 자아낸다. 카오산의 복잡함을 피해 조금 차분하게 식사하거나 한잔하고 싶다면 람부뜨리로 향해 보자.

카오산 로드 주변

Nai Soie

나이 쏘이

Ⓐ 100 2-3 Phra Athit Rd Ⓖ 13.76263, 100.49443
Ⓣ 062-064-3934 Ⓗ 월-목 07:00-21:00, 금-일 07:00-21:30
Ⓜ Map → 4-R1

입구에 '나이 쏘이'라고 한국어로 적혀 있을 정도로 한국인 여행자들 사이에서 유명한 고기국수 전문점이다. 적어도 20년 전부터 꾸준히 많은 한국인 여행자가 찾았고, 그 덕분에 한국 물가 맞춰 비싸진 가격이 단점이라면 단점. 하지만 맛만큼은 훌륭해서 자꾸만 찾게 되는 마성의 가게다.

카오산 로드 주변

something about us

썸띵 어바웃 어스 (p.104)

Ⓖ 13.7625, 100.49785 Ⓣ 093-639-5541
Ⓗ 수-일 11:00-19:00(월-화 휴무) Ⓜ Map → 4-S1

카오산 로드에서 5분 거리에 위치한 자그마한 셀렉트숍. 오너가 자신의 취향에 맞춰 셀렉한 심플한 디자인의 의류와 소품, 액세서리 등을 판매한다. 괜찮은 셀렉트숍이 많지 않은 방콕에서 보석 같은 스폿이다.

카오산 로드 주변

Latte Bua

라떼 부아

Ⓐ 138 Phra Athit Rd Ⓖ 13.76363, 100.49559
Ⓗ 10:00-19:00 Ⓜ Map → 4-C1

프라 쑤멘 요새 반대편에 위치한 카페. 가게 이름과 똑같은 이름의 '라떼 부아'가 이곳의 시그니처 음료다. 라떼에 연꽃 시럽을 넣고 연꽃잎 하나를 살짝 올려 주는 것이 포인트. 비주얼만큼이나 사랑스러운 맛이다.

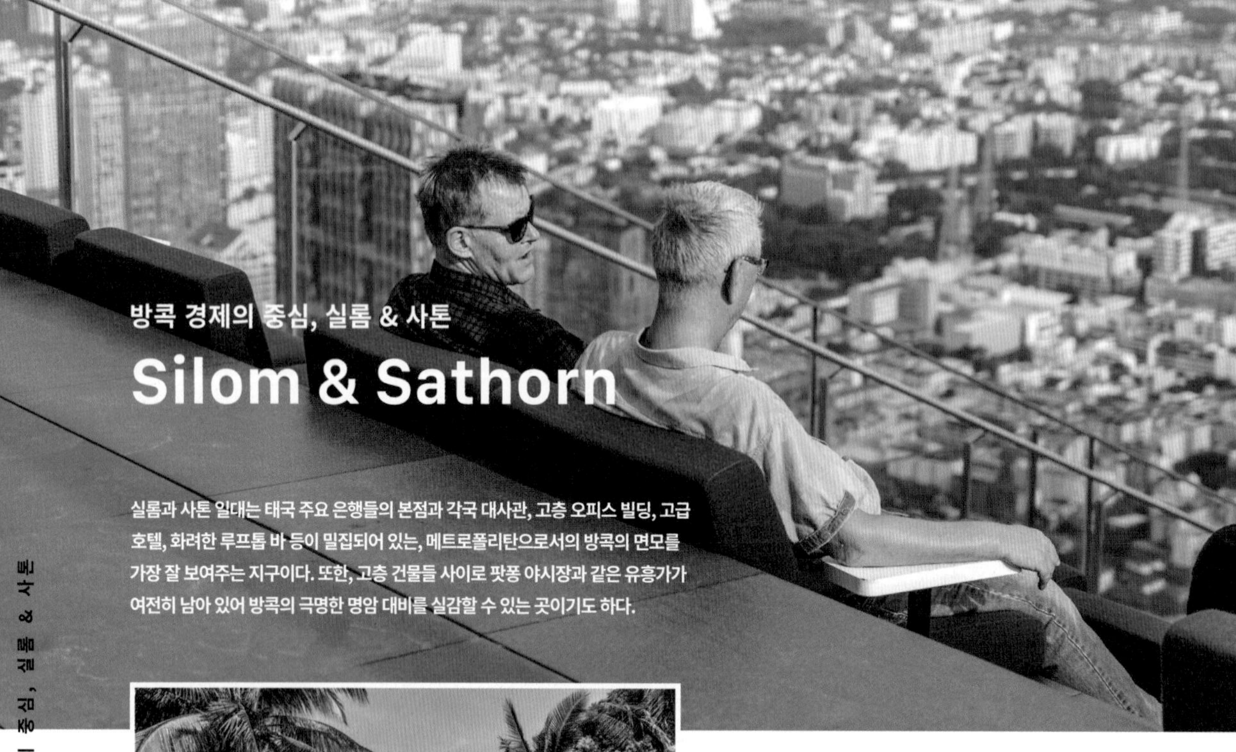

방콕 경제의 중심, 실롬 & 사톤

Silom & Sathorn

실롬과 사톤 일대는 태국 주요 은행들의 본점과 각국 대사관, 고층 오피스 빌딩, 고급 호텔, 화려한 루프톱 바 등이 밀집되어 있는, 메트로폴리탄으로서의 방콕의 면모를 가장 잘 보여주는 지구이다. 또한, 고층 건물들 사이로 팟퐁 야시장과 같은 유흥가가 여전히 남아 있어 방콕의 극명한 명암 대비를 실감할 수 있는 곳이기도 하다.

Silom & Sathorn :

1. Around the Lumpini Park

룸피니 공원 일대

거대한 빌딩 숲 사이로 굉음을 내지르며 내달리는 차와 오토바이, 노후한 버스에서 뿜어져 나오는 시커먼 매연. 방콕 시내를 걷다 보면 소음과 미세먼지에 피곤이 몰려오곤 하는데, 룸피니 공원은 그로부터 도피처와도 같은 역할을 한다. 바쁜 일상 속에서도 룸피니 공원을 찾아 조깅을 하고, 요가를 하고, 산책을 하며 깊은 숨을 내쉬는 방콕커들의 평범한 오늘을 포착해 보자.

Tip.

방콕의 공원을 걷다 보면 오전 10시와 오후 6시, 하루 2회 노래가 흘러 나오고, 방콕커들이 경례하는 모습을 볼 수 있다. 이 노래의 정체는 태국의 국가! 이때 앉아 있었다면 자리에서 일어서고, 걷고 있었다면 잠시 멈춰 주는 것이 예의이다.

룸피니 공원 일대

Lumpini Park 룸피니 공원

Ⓐ Khwaeng Lumphini(MRT 실롬역, 룸피니역에서 바로)
Ⓖ 13.7314, 100.54143 Ⓣ 02-252-7006 Ⓜ Map → 5-★4

룸피니 공원의 트레이드마크 물왕도마뱀!

원래는 왕실의 소유지였던 공원으로, 1920년대 라마 6세 통치 시기에 일반 시민들에게 오픈되었다. '룸피니'라는 이름은 석가가 탄생한 네팔의 도시명에서 따왔다고. 넓이 57ha에 달하는 이 거대한 공원은 푸릇푸릇한 숲과 고요한 호수가 끝없이 펼쳐지는, '방콕의 폐'와도 같은 곳이다. 또한, 방콕 그 어디에서도 볼 수 없는 다양한 동식물을 만날 수 있는 것도 특징적. 그중에서도 룸피니 공원의 트레이드마크 물왕도마뱀은 놓칠 수 없다. 호수 근처나 수풀 사이에서 2m에 달하는 도마뱀이 나오더라도 너무 놀라지 말 것!

룸피니 공원 일대

Bangkok Citycity Gallery

방콕 시티시티 갤러리

Ⓐ 13/3 Soi Atthakan Prasit(MRT 룸피니역에서 도보 7분)
Ⓖ 13.72363, 100.54453 Ⓗ 수-일 13:00-18:00(일-화휴무)
Ⓟ 입장료 무료 Ⓜ Map → 5-E3

2016년, TCDC 설립 당시 큐레이터였던 수파마 파후로 Supamas Phahulo가 아트 컬렉터이자 필름 메이커인 아카폴 옵 수다스나 Akapol Op Sudasna와 함께 오픈한 갤러리다. 하얀 도화지와도 같은 갤러리에 두 달 정도의 텀으로 새로운 전시물이 들어선다. 메인 전시홀 외에 디자인 및 예술 관련 참고 도서를 열람할 수 있는 부수적인 공간도 있다.

룸피니 공원 일대

Bitterman

비터맨 (p.071)

Ⓖ 13.72639, 100.53992
Ⓗ 11:00-23:00 Ⓜ Map → 5-C5

룸피니 공원 인근, 가장 대표적인 카페 레스토랑이다. 음료는 물론 디저트, 식사, 칵테일까지 다양한 메뉴를 제공한다. 룸피니 공원을 여유롭게 산책하고 비터맨에 들러 보는 것은 이 일대를 찾는 여행자들의 '정석'과도 같은 코스이다.

실롬 & 사톤 랜드마크 루프톱 바

Vertigo & Moon bar
버티고 & 문 바

Ⓐ 21/100 South, S Sathon Rd
Ⓖ 13.72353, 100.53998
Ⓣ 02-679-1200 Ⓗ 17:00-01:00
Ⓟ 칵테일 650밧, 맥주 400밧~
Ⓜ Map → 5-B3

반얀트리 호텔 59층에 내려 계단을 따라 61층으로 올라가면 버티고와 문 바, 총 두 개의 루프톱 바가 나온다. 반층 정도 더 높게 솟아 있는 곳에 자리한 바가 문 바. 버티고에 비해 협소하지만, 가격이 약간 저렴한 편이다. 자리가 없으면 서서 마셔야 하니, 웬만하면 오픈 시간에 맞춰 갈 것을 추천한다. 다른 루프톱 바들에 비해 칵테일이 비싼 편이지만, 환상적인 선셋과 야경은 그만한 가치를 한다.

Sirocco & Sky Bar
시로코 & 스카이 바

Ⓐ 1055 Si Lom Ⓖ 13.7212, 100.51721
Ⓣ 02-624-9555 Ⓗ 17:00-00:00
Ⓟ 칵테일 950밧~
Ⓤ lbua.com/restaurants/sky-bar/
Ⓜ Map → 5-B1

한때 버티고 & 문 바와 함께 방콕 대표 루프톱 바로 손꼽히던 곳이었으나 최근 호텔 내 다른 바로 유도하는 등의 호객 행위로 평이 급격히 나빠졌다. 하지만 시로코의 황금색 돔은 방콕 인증 샷에 빠질 수 없는 핵심 스폿. 찾아가기로 마음 먹었다면 64층으로 가 계단 아래에 위치한 '스카이 바'로 향하자. 중간에 음료를 주문하고 가라고 하는 웨이터들이 있더라도 무시하고 바에서 주문해야 한다.

Silom & Sathorn :

2. BTS Chong Nonsi Area

총논시역 일대

방콕의 랜드마크로 급부상한 킹 파워 마하나컨을 비롯해 고층 건물들이 빼곡히 자리한 총논시역 일대. 금융 기관은 물론 각국의 대사관이 모여 있어, 대사관 사람들을 겨냥한 고급 식당이 즐비하다.

총논시역 일대

King Power Mahanakhon

킹 파워 마하나컨

Ⓐ 114 Naradhiwat Rajanagarindra Rd
Ⓖ 13.72334, 100.52824
Ⓣ 02-677-8721 Ⓗ 10:00-24:00
Ⓟ 낮 880밧, 밤 1080밧
Ⓤ kingpowermahanakhon.co.th Ⓜ Map → 5-★3

2016년 오픈한 방콕 최고의 전망대. 높이 314m의 이 건물은 엘리베이터로 약 50초만에 74층 실내 전망대에 도달한다. 360도 파노라마뷰를 자랑하는 이 공간에서 증강 현실 기술과 터치 스크린을 통해 방콕의 랜드마크를 확인할 수 있다. 74층 관람이 끝나면 계단, 혹은 엘리베이터를 통해 스카이 덱에 올라 탁 트인 방콕의 전망을 즐기자. 중앙의 계단을 따라 킹 파워 마하나컨의 가장 높은 곳에 오르면 그 어떤 장벽도 없이 사방으로 펼쳐지는 아름다운 방콕의 전경을 감상할 수 있다. 마지막으로 이곳의 하이라이트, 발 아래가 유리로 된 스릴 넘치는 스카이 워커도 잊지 말고 체험할 것!

현장에서도 프로모션 가격으로 판매하기도 하지만, 몽키트래블 등의 여행 플랫폼을 통해 미리 예매해 가면 더 저렴한 가격에 입장할 수 있다!

Tip.

홈페이지에서 매일 방콕의 일출, 일몰 시간을 공지한다. 일몰 시간에 찾으면 아름다운 매직 아워부터 별처럼 반짝이는 방콕의 야경을 모두 감상할 수 있다. 다만, 이 시간이 되면 항상 교통 정체가 극심하니 대중교통 이용을 추천한다. BTS 총논시역에서 내리면 바로다.

Nearby.

Blue Elephant 블루 엘리펀트
BTS 수라삭 Surasak역 바로 앞에 위치한 파인다이닝. 타이 퀴진을 메인으로 하며, 방콕뿐만 아니라 푸켓, 몰타, 파리, 브뤼셀, 코펜하겐에도 지점을 두고 있다. 그중에서도 방콕과 푸켓 지점에서는 블루 엘리펀트의 현역 셰프에게 직접 요리를 배울 수 있는 쿠킹 스쿨을 진행한다.

Ⓐ 233 South Sathon Rd
Ⓖ 13.71872, 100.52149
Ⓣ 02-673-9353
Ⓗ 17:30-22:00
Ⓤ blueelephant.com
Ⓜ Map → 5-R3

총논시역 일대

Luka Bangkok 루카 방콕

Ⓐ 64/3 Thanon Pan(BTS 수라삭역에서 도보 5분)
Ⓖ 13.72163, 100.52385 Ⓣ 091-886-8717 Ⓗ 08:00-18:00
Ⓤ lukabangkok.format.com Ⓜ Map → 5-C3

라이프스타일 숍을 겸하는 카페 레스토랑. 감각적인 인테리어와 그에 걸맞게 커피 맛도 수준급이다. 드링크 메뉴 외에 다양한 올 데이 브런치 메뉴를 선보이며, 공간 한쪽을 차지하고 있는 라이프스타일 제품들도 시선을 끈다. 여섯 시면 문을 닫는 것이 유일한 단점.

Silom & Sathorn :

3. Around the TCDC

TCDC 일대

TCDC 주변으로 예술적인 감각을 자극하는 공간들이 긴밀한 커뮤니티를 형성하고 있다. TCDC 일대 산책은 로컬 문화와 예술의 환상적인 하모니를 감상하고, 색다른 영감을 얻는 시간이 될 것이다.

TCDC 일대

TCDC 티시디시

Ⓐ Central Post Office, 1160 Charoen Krung Rd
Ⓖ 13.72711, 100.51555 Ⓣ 02-105-7400
Ⓗ 화-일 10:30-19:00(월 휴무) Ⓟ 원데이 패스 100밧
Ⓤ web.tcdc.or.th Ⓜ Map → 5-★4

타이랜드 크리에이티브 & 디자인 센터 Thailand Creative & Design Center. 줄여서 TCDC라고 부르는 이곳은 태국의 디자인 현주소를 만날 수 있다. 딱딱한 학교나 연구 센터와 같은 공간이 아닌 '지적 오락'을 추구하는 창의적인 공간이자, 업계 종사자들을 잇는 다리 역할을 하고 있다. 5층 높이의 건물에 디자인 서적 도서관, 소재 박물관, 제작 공간, 재료 & 디자인 혁신 센터, 갤러리가 들어서 있으며 대부분의 공간은 회원에게만 오픈한다. 디자인에 관심이 있다면 원데이 패스를 구입해 천천히 둘러볼 것을 추천한다. 매년 방콕 디자인 위크를 주최하니, 관심이 있다면 홈페이지를 확인해 보자.

Tip.

건물 외벽의 거대한 가루다는 태국의 공공 기관에서 만날 수 있는 표식! TCDC는 중앙우체국 건물과 붙어 있어 옥상 정원에서 이 가루다를 아주 가까이서 볼 수 있다.

TCDC 일대

Hēi Jīi 헤이지 (p.074)

Ⓖ 13.72785, 100.51634 Ⓣ 062-709-4545
Ⓗ 09:00-18:00 Ⓜ Map → 5-D1

고전적인 중국 스타일의 카페. 창립 멤버인, 정통 중국 가정에서 자란 믹 Mick의 어린 시절이 투영된 공간이다. 이곳에서는 옛 방식을 존중하며 살아가는 로컬들의 라이프스타일을 경험할 수 있다. 예쁘게 세 층으로 묶어서 내주는 휘낭시에와 태극문양 음료, 인양 YIN YANG이 시그니처 디저트와 음료이다. TCDC 근처에 있어 함께 방문하면 좋다.

TCDC 일대

Warehouse 30

웨어하우스 30 (p.102)

Ⓖ 13.72807, 100.51474 Ⓣ 02-237-5087
Ⓗ 09:00-18:00 Ⓜ Map → 5-S3

제2차 세계 대전 당시 사용되었던, 버려진 창고가 차런끄룽 지역의 아트 허브로 재탄생했다. 태국을 대표하는 건축가 두앙릿 분낙 Duangrit Bunnag이 리노베이션했다. 4,000㎡의 널찍한 내부는 7개 동으로 나뉘어 있으며, 내부에는 셀렉트 숍과 카페, 가구 쇼룸, 서점 등이 들어서 있다.

Nearby.

Bangkokian Museum
방콕키안 뮤지엄

이름에서도 알 수 있듯이 방콕 사람들의 삶을 담은 박물관이다. 제2차 세계 대전 전후의 생활상을 볼 수 있는데, 실제로 사람이 생활하던 집을 박물관으로 오픈한 곳이라는 점이 흥미롭다. 입구에서 간단한 인적사항을 기입하면 무료로 입장할 수 있다.

Ⓐ 273 Soi Saphan Yao(TCDC에서 도보 5분)
Ⓖ 13.72837, 100.51819 Ⓣ 02-233-7027
Ⓗ 화-일 09:00-16:00(월 휴무)
Ⓤ facebook.com/BkkMuseum/
Ⓜ Map → 5-E1

THEME :
Wat & Art Places

비밀의 사원 & 도심 속 예술 공간

방콕에서 마음에 여유와 양식이 필요할 때, 사원이나 예술 공간을 찾았다. 그중에서도 특별했고, 마음에 큰 울림을 주었던 두 곳의 사원과 세 곳의 예술 공간을 소개한다.

01. Wat Pathum Wanaram

02. Wat Saket

01. 왓 빠툼 와나람

Ⓐ 969 Rama I Rd(시암 파라곤에서 도보 5분) Ⓖ 13.74592, 100.53674 Ⓣ 02-251-6469 Ⓗ 06:00-20:00 Ⓟ 입장료 무료 Ⓤ facebook.com/pathumwanaram Ⓜ Map → 6-★1

시암 파라곤과 센트럴 월드 사이에 위치한 왕립 사원으로, 1857년 라마 4세에 의해 예배 장소로 세워져 '왕의 사원'으로 불린다. 넓은 부지 안에 우보솟(본당)과 위한, 하얀색 쩨디(불탑)가 서 있으며, 사원 옆으로 실내 명상처와 녹음 짙은 야외 명상 공간이 나온다. 도심 한복판에 있지만, 들어가는 순간 다른 세계에 온 듯 고요함과 차분함을 선사한다. 시암 일대를 지난다면 꼭 함께 들러보길 추천한다.

02. 왓 사켓

Ⓐ Thanon Chakkraphatdi Phong(MRT 삼욧역에서 도보 17분, 택시 8분) Ⓖ 13.7538, 100.50659 Ⓣ 062-019-5959 Ⓗ 07:00-19:00 Ⓟ 100밧(현금만) Ⓜ Map → 4-★4

왕궁과는 조금 떨어져 있는 사원. 이곳의 포인트는 골드 마운틴이라고도 불리는 언덕 위 금빛 쩨디이다. 굽이굽이, 하늘로 향하는 340여 개의 계단을 따라 오르다 보면 어느덧 정상에 도달한다. 정상에는 작은 쩨디가 있고 안에는 불교 유물이 보관되어 있다. 이 쩨디에서 내려다보는 방콕 시내의 모습은 마음에 평온을 안겨준다. 언덕은 라마 3세 때 세웠던 대형 탑이 무너지며 인공적으로 생긴 것이라고. 지금의 쩨디는 라마 4세 때 만들어졌다. 우보솟은 언덕 아래쪽에 있다.

Tip.

짐 톰슨 아웃렛
짐 톰슨의 시즌오프 아이템을 저렴하게 판매하는 아웃렛.

Ⓐ 153 Soi Sukhumvit 93
(BTS 방짝 Bang Chak역에서 도보 5분)
Ⓖ 13.69964, 100.60618
Ⓣ 02-332-6530 Ⓗ 09:00-18:00
Ⓤ jimthompson.com
Ⓜ Map → 3-C-3

03. Jim Thompson House

05. Kathmandu Photo Gallery

04. Bangkok Art & Culture Centre

03. 짐 톰슨의 집

Ⓐ 6 Soi Kasemsan 2(BTS 내셔널 스타디움역에서 도보 4분)
Ⓖ 13.74932, 100.5282 Ⓣ 02-216-7368 Ⓗ 10:00-17:00
Ⓟ 성인 200밧, 11~22세 100밧, 10세 이하 무료
Ⓤ jimthompsonhouse.com Ⓜ Map → 6-E1

태국의 실크를 전 세계에 알린 사업가이자 디자이너 짐 톰슨이 거주하던 주택을 그대로 살린 박물관. 그가 모아온 수집품은 물론 1900년대 태국인들의 주거 문화를 엿볼 수 있는 흥미로운 공간이다. 박물관은 가이드와 함께 둘러볼 수 있으며, 신발을 벗고 그의 발자취를 따라 걷게 된다. 가이드는 태국어와 영어, 일본어, 프랑스어, 중국어로 진행된다.

04. 방콕 예술문화센터(BACC)

Ⓐ 939 Rama I Rd(BTS 내셔널 스타디움역 에서 바로)
Ⓖ 13.74675, 100.53024
Ⓣ 02-214-6630 Ⓗ 화-일 10:00-20:00(월 휴무)
Ⓟ 입장료 무료 Ⓤ bacc.or.th Ⓜ Map → 6-E2

2008년, 방콕의 예술 문화 교류의 허브로 역할을 하기 위해 설치된 센터. 다양한 기획전이 진행돼 방문할 때마다 새로운 영감을 준다. 전시는 물론 미술 관련 숍과 독립 서점, 카페 등이 모여 있어 느긋하게 둘러보기 좋다.

05. 카트만두 포토 갤러리

Ⓐ 87 Pan Rd, Khwaeng Silom(BTS 총논시역, 수라사역에서 각 도보 5분) Ⓖ 13.72391, 100.52334 Ⓣ 02-234-6700
Ⓗ 목, 토, 화 11:00-18:00(금, 일-월 휴무) Ⓟ 입장료 무료
Ⓤ kathmanduphotobkk.com Ⓜ Map → 5-E2

방콕을 대표하는 현대미술 작가 중 한 명인 마닛 스리와니치품 Manit Sriwanichpoom의 포토 갤러리. 1층에서는 볼 수 있는 핑크색 카트를 끌고 이곳저곳을 쏘다니는 <핑크 맨> 시리즈는 태국의 소비지상주의적인 모습과 상류층의 볼품없는 선민주의 사상을 신랄하게 비판한 그의 대표작. 2층에서는 현재 진행 중인 프로젝트 전시를 감상할 수 있다.

EAT UP

컬러풀한 방콕의 매력은 식문화까지 이어진다. 육해공을 망라하는 다양한 주재료 선정부터 풍미를 더해 줄 강렬한 향신료와 향신채의 사용은 '방콕의 맛'을 더욱 다채롭게 한다. 저렴한 로컬 푸드부터 파인다이닝까지 우리의 혀를 즐겁게 할 방콕의 식탁을 탐미해 보자.

The Never Ending Summer 더 네버 엔딩 썸머

Cafe Hopping

카페 호핑 : 개성 넘치는 방콕의 카페

방콕의 카페 신은 매 순간 변화하고 있다. '동남아의 커피는 달기만 하다'는 편견을 비웃기라도 하듯 스페셜티 원두를 다루는 카페가 점차 늘어나고 있다. 그뿐만 아니라, 콘셉트에 방콕커의 감성을 더해 전 세계 어디에 내놓아도 승부수를 던질 만한 카페들이 도시 곳곳에서 매력을 발산 중이다. 과거 한낮의 더위를 피해 들렀던 방콕의 카페가 이제는 이곳을 찾는 하나의 '목적'이 되었다.

KARO COFFEE ROASTERS 카로 커피 로스터스

1 KARO COFFEE ROASTERS

카로 커피 로스터스 (p.022)

입구의 '머리 잘린 호랑이' 로고가 이곳이 '범상치 않은' 곳임을 알려 주는 카로. 가게 이름은 오너, 카로의 이름에서 따왔다. 가게에 들어서면 온몸에 태국의 전통적인 주물문신 '싹'을 새긴 카로가 사람 좋은 미소로 환영해 준다. 태국의 커피에 이끌려 방콕에 자리 잡은 카로는 커피 생산자와의 공정무역을 통해 공수한 원두를 직접 로스팅하고 손님들에게 한 잔 한 잔 정성껏 내려 준다. 카로를 찾았다면 무조건 바 석에 앉을 것을 추천한다. 마치 친구 집에 놀러 가 도란도란 수다를 떨며 커피를 내려 마시는 느낌으로 편안한 시간을 즐길 수 있을 것이다.

Good Coffee

INFO

Ⓐ 66 Soi Pridi Banomyong 26(BTS 프라 카농 Phra Khanong 역에서 오토바이 택시로 5분) Ⓖ 13.72597, 100.60046
Ⓣ 061-858-9191 Ⓗ 06:00-18:00
Ⓘ @karocoffeeroasters Ⓜ Map → 3-C16

2 Factory Coffee
팩토리 커피

방콕의 럭셔리 카페 붐을 이끈 주역이라고도 할 수 있는 팩토리 커피가 2019년 초, 파야타이 기차역 앞으로 이전했다. 식지 않는 인기의 비결은 태국 바리스타 챔피언십 우승자를 배출한 카페답게, 제대로 된 커피 맛에 있다. 또한, 얼핏 보면 칵테일처럼 보이는 시그니처 메뉴들은 커피 애호가뿐만 아니라 대중에게 어필하고 있다. 커피 향과 맛을 깊이 머금고 싶다면 단연 드립 커피를, 시그니처 메뉴를 즐기고 싶다면 파야타이를 추천한다.

INFO

Ⓐ 49 Phayathai Rd. Ratchathewi(BTS 파야타이 Phaya Thai역에서 바로)
Ⓖ 13.7569, 100.53472
Ⓣ 080-958-8050 Ⓗ 08:00-18:00
Ⓘ @factorybkk Ⓜ Map → 7-C4

Y'EST WORKS coffee roastery
예스트 웍스 커피 로스터리

'당신의 베스트 커피를 찾아드립니다' 예스트 웍스 커피 로스터리는 그런 곳이다. 한쪽 총 10종류의 원두, 8단계의 배전 정도, 6가지 추출 방식을 직접 선택할 수 있다. 커피에 대해 잘 모르더라도 선택 방법이 상세히 서술되어 있어 그다지 어렵지 않다. 선택을 마치면 오너 타츠가 정성껏 커피를 내려 주는데, 그 맛은 신기하게도 상상하던 것에 매우 근접하다. 방콕에서 색다른 커피 경험을 원한다면 두말하지 않고 예스트 웍스를 추천한다.

INFO

Ⓐ 41/1 Soi 23, Sukhumvit Rd(BTS 아속역에서 도보 7분)
Ⓖ 13.74031, 100.56266 Ⓣ 090-219-3142 Ⓗ 월-금 08:00-17:00, 토-일 09:00-18:00 Ⓘ @yestworks Ⓜ Map → 3-C2

4 WWA PORTAL
WWA 포털

화이트 톤의 실내와 그 안을 채우고 있는 철제 가구. 직원들 모두 흰 셔츠에 흰 에이프런을 두르고 있어 전문적이면서도, 한편으로는 차가운 인상을 준다. 하지만 그도 잠시, 커피를 주문함과 동시에 오픈된 테이블에서 나만을 위한 한 잔이 내려지기 시작하고, 차가웠던 카페에 따뜻함이 감도는 경험을 할 수 있다. 커피는 메뉴에 따라 다양한 원두를 선택할 수 있으며, 커피 맛은 뭐, 앞서 느꼈던 첫인상만큼이나 전문적이니 BTS 아속역 근처에서 커피 맛이 괜찮은 카페를 찾는다면 WWA를 추천한다.

INFO

Ⓐ 27 Soi Sukhumvit 19(BTS 아속역에서 도보 3분)
Ⓖ 13.73954, 100.56 Ⓣ 086-100-0993 Ⓗ 08:00-20:00
Ⓘ @wwaportal Ⓜ Map → 3-C1

Good Coffee

INFO

Ⓐ 17 Soi Sukhumvit 63
Ⓖ 13.72356, 100.58503(BTS 에까마이역에서 도보 5분)
Ⓣ 02-002-6874 Ⓗ 월-금 08:00-16:00, 토-일 09:00-18:00
Ⓘ @inkandlioncafe
Ⓜ Map → 3-C14

5 Ink & Lion
잉크 & 라이온

커피 애호가 사이에서 '커피 맛집'으로 유명한 카페이다. 직접 로스팅한 원두로 내려 주는 커피는 어떤 메뉴를 주문해도 만족스럽다. 핸드 브루드 커피를 비롯해 에스프레소 커피 메뉴 중에서는 카페라떼를 추천. 향긋한 원두의 산미가 부드러운 스팀 밀크와 완벽한 조화를 이룬다. 음료 메뉴 외에 혼자서도 부담 없이 먹을 수 있는 크기의 조각 케이크와 와플을 판매한다. 카페 한켠에서는 원두와 유리 스트로우 등을 판매하며 로컬 아티스트들의 작품을 전시하기도 한다.

6 Pacamara Coffee Roaster x Specialty Coffe Lab
파카마라 커피 로스터 x 스페셜티 커피랩

파카마라 커피 브랜드가 운영하는 플래그십 스토어. 공간의 절반은 카페 공간으로 활용하고 있으며, 나머지 절반은 로스팅과 커피 관련 교육을 진행한다. 커피 교육 기관을 함께 운영하는 만큼 이곳에서 활동하는 바리스타들의 실력은 탄탄하다. 2018년에는 그중 한 명이 내셔널 바리스타 챔피언십에서 9위를 차지하기도 했다. 공간이 여유로워 코워킹 스페이스로도 사랑받고 있으며, 식사, 디저트 메뉴도 있어 느긋하게 머물다 가기 좋다.

Good Coffee

INFO

Ⓐ 66 Soi Saeng Ngoen(BTS 통로역에서 오토바이 택시로 7분) Ⓖ 13.73988, 100.58287 Ⓣ 063-819-0050
Ⓗ 08:00-18:30 Ⓘ @pacamara_th Ⓜ Map → 3-C7

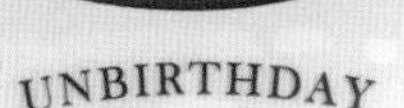

7 Unbirthday Cafe
언버스데이 카페

평범한 아파트먼트 2층, 알고 가도 찾기 어려울 정도로 비밀스럽게 숨어 있는 카페. 이토록 비밀스러운 곳을 다들 어떻게 알았는지, 손님이 끊이지 않는다. 아파트먼트 앞에서 기웃기웃하면 관리자가 '카페 찾냐'며 친절하게 올라가는 길을 알려줄 정도. 공간 자체는 넓지 않지만, 구석구석 언버스데이만의 감성으로 가득 채워져 있어 지루함이 없다. 또한, 보기도 좋고 맛도 좋은, 다양한 종류의 케이크 메뉴와 음료 메뉴가 있으니 느긋하게 이 공간을 즐기다 가자.

INFO

Ⓐ 2c Apartment Mapengseng 14 Sukhumvit 31
Ⓖ 13.73526, 100.56683
Ⓣ 085-145-3181 Ⓗ 08:00-19:00
Ⓘ @unbirthdaycafe Ⓜ Map → 3-C4

8 FV
에프브이

차이나타운의 번잡스러움에서 벗어나 짜오프라야 강변, 고독한 분위기를 내뿜고 있는 신비로운 카페이다. 마치 아트 갤러리에 온 듯한 느낌이 드는 이곳은 자연 채광을 충분히 활용한 공간 디자인이 단연 돋보인다. 놀랍게도 이러한 느낌은 해가 진 후에도 이어지는데, 그 비밀은 천장 쪽 창문에 달아 놓은 조명 덕분. 메뉴에 커피는 없고 채소와 과일 등을 활용한 건강 주스를 판매한다. 액자를 따라 실내를 돌아보고 가게 한켠에 앉아 채소 주스를 마시면 몸은 물론 마음까지 건강해지는 기분이 든다.

INFO

Ⓐ 827 Songwat Rd(MRT 왓 망껀역에서 도보 8분)
Ⓖ 13.73886, 100.50635 Ⓣ 081-866-0533
Ⓗ 10:00-19:00 Ⓘ @fv_bkk Ⓜ Map → 4-C5

9 Buddha & Pals
부다 & 팔스

만들어낸 빈티지함이 아닌, 건물 자체에서 뿜어져 나오는 중후함으로 빈티지한 인테리어를 완성한 카페. 위치가 애매해 차를 타고 이동해야 하는 번거로움이 있지만, 그만한 값어치가 있는 곳이다. 화려한 샹들리에와 빈티지 가구, 그리고 곳곳에 놓여 있는 뻔하지 않은 식물 화분까지. 이 공간을 채우고 있는 요소들 하나하나가 그저 감탄스러울 따름이다. 예쁠 뿐만 아니라 커피 메뉴를 비롯해 다양한 시그니처 음료, 디저트, 식사 메뉴까지 충실해 무엇을 목적으로 찾든 만족스러움을 선사할 것이다.

INFO

Ⓐ 712 Krung Kasem Rd(왓 사켓에서 택시로 7분, 차이나타운에서 택시로 15분) Ⓖ 13.7602, 100.51242
Ⓣ 061-585-9283
Ⓗ 화-목, 일 10:00-24:00, 금-토 10:00-01:00 (월 휴무)
Ⓘ @buddhaandpals Ⓜ Map → 4-C4

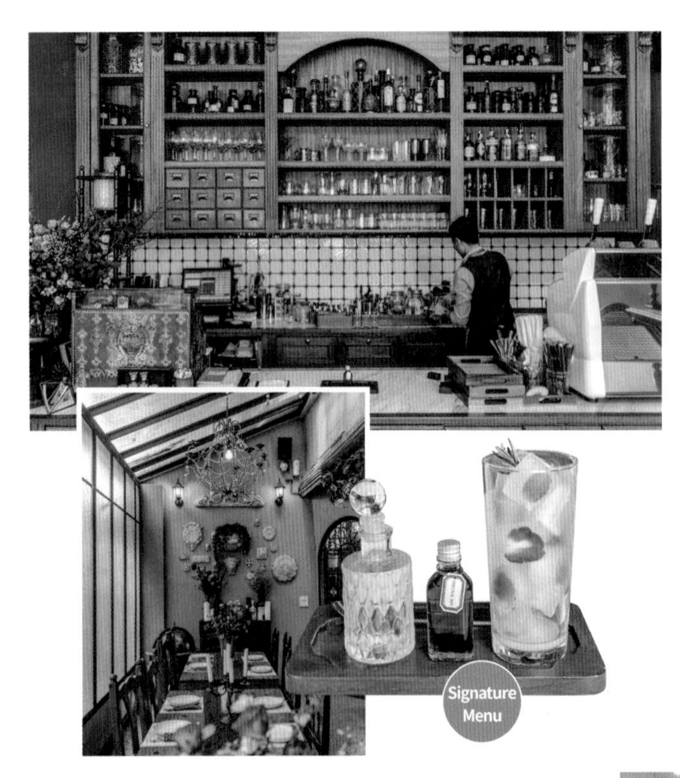

Featherstone Bistro Cafe & Lifestyle Shop
페더스톤 비스트로 카페 & 라이프스타일 숍

에까마이의 감성적인 카페. 청록색 포인트 컬러가 가게 내부의 무드를 잡아주고, 목재 가구와 바닥은 중후함을 한층 더 끌어올린다. 인테리어도 흠잡을 데 없는 멋진 공간이지만, 이곳이 지금처럼 큰 인기를 끌게 된 데는 시그니처 메뉴 '스파클링 아포테케리 Sparkling Apothecary'의 공이 크다. 꽃의 아름다운 순간을 고스란히 담은 얼음에 알록달록 컬러 탄산음료를 부어 마시는 메뉴로, 맛도 맛이지만 어떻게 사진을 찍든 예쁘게 나온다. 음료의 유명세에 조금 묻히는 감이 있지만, 식사 메뉴부터 가게 한켠에 놓인 편집숍 파트도 충실하니 눈여겨볼 것!

INFO

Ⓐ 60 Ekamai 12(BTS 에까마이역에서 오토바이 택시로 7분)
Ⓖ 13.72977, 100.59303 Ⓣ 09-7058-6846
Ⓗ 10:30-22:00 Ⓤ facebook.com/featherstonecafe
Ⓜ Map → 3-C15

KOF Cafe Thonglor
코프 카페 통로

감각적인 인테리어와 다양한 시그니처 메뉴로 인기를 끌고 있는, 통로 카페 격전지의 신흥 강자로 떠오르는 곳이다. 그중에서도 가장 유명한 메뉴는 코프 콘 KOF KONE! 아이스크림콘에 사용하는 와플 과자 안쪽을 초콜릿으로 코팅하고 아이스크림 대신 따뜻한 라떼를 부어 준다. 이 메뉴를 주문했다면 사진은 한두 장 찍고 빨리 마실 것! 메뉴판에도 주의 문구가 있지만, 인증 샷 찍는 데 열중한 나머지 콘이 녹아 커피를 다 흘려 버릴지도 모른다. 사톤 지역에도 매장이 있다.

INFO

Ⓐ 323 J Avenue, Soi Sukhumvit 55 (BTS 통로역에서 오토바이 택시로 4분)
Ⓖ 13.73425, 100.58245
Ⓣ 095-798-3963 Ⓗ 08:00-19:00
Ⓤ facebook.com/KOFcoffeebar
Ⓜ Map → 3-C9

12 Sometimes I Feel
썸타임즈 아이 필

BTS 아속역과 프롬퐁역 사이, 조금은 애매한 위치에 자리 잡고 있는 카페이다. 온통 초록으로 뒤덮인 입구는 자칫하면 모르고 지나치기 쉬운, 그런 비밀스러운 느낌을 지니고 있다. 실내 인테리어는 다소 무난한 듯하지만, 그 공간을 채우고 있는 다양한 아티스트들의 작품과 한켠에서 선보이는 편집숍이 이곳의 매력을 완성한다. 또한, 썸타임즈 아이 필만의 시그니처 음료들은 눈과 입을 행복하게 한다. 다양한 시그니처 음료 중에서도 가장 추천하는 것은 테인티드 러브 TAINTED LOVE. 향긋한 로즈 티와 깔끔한 콜드브루의 조화는 방콕의 더위를 날려주는 맛.

INFO

Ⓐ 5/1 Sukhumvit 31(BTS 프롬퐁역에서 도보 7분, 아속역에서 10분)
Ⓖ 13.7346, 100.56637 Ⓣ 089-223-1493 Ⓗ 화-금 09:30-18:30, 토일 10:00-19:00
Ⓘ @sometimesifeel.bkk Ⓜ Map → 3-C3

13 Wallflowers Cafe
월플라워스 카페

차이나타운 메인 거리에서 두 블록 정도 더 들어간 곳에 위치한 비밀스러운 카페. 문을 열고 들어서면 꽃가게가 나오고 그 안쪽으로 월플라워스 카페의 입구가 보인다. 카페는 1층과 복층, 그리고 2층 공간으로 나뉘어 있으며, 모든 공간이 분리되지 않고 연결되어 있다. 철제 계단을 따라 올라가다 보면 장식품들이 눈길을 사로잡아 구경하는 재미가 있다.

INFO

Ⓐ 31-33 Maitri Chit Rd(MRT 후아람퐁 Hua Lamphong역 또는 차이나타운에서 도보 5분) Ⓖ 13.73979, 100.51425
Ⓣ 09-0993-8653 Ⓗ 11:00-01:00 Ⓘ @wallflowerscafe.th
Ⓜ Map → 4-C8

14 Floral Cafe' at Napasorn
플로럴 카페 앳 나파손

빡끄롱 꽃시장 옆에 위치한 아름다운 카페. 1층은 꽃집, 2층과 3층은 카페로 운영되고 있다. 꽃과 앤티크한 오브제로 가득 채워진 실내는 가만히 있는 것만으로 힐링되는 공간이다. 왕궁, 왓포 사원에 갈 때 잠시 쉬어갈 곳을 찾는다면 들러보길 추천한다

INFO

Ⓐ 67 Chakkraphet Rd(왓 포에서 도보 10분)
Ⓖ 13.74221, 100.49669 Ⓣ 099-468-4899
Ⓗ 수-월 09:00-19:00(화 휴무) Ⓘ @floralcafe_napasorn
Ⓜ Map → 4-C3

15 Rocket Coffeebar S.12
로켓 커피바 소이12

총논시역 근처, 아담하고 소박한 느낌의 카페 레스토랑. 아침 일찍 찾으면 출근 전 여유를 즐기는 방콕커들의 아침 일상을 엿볼 수 있다. 밖에서 보는 것보다 내부 공간이 넓은 편인데, 테이블 석보다는 바 석에 앉을 것을 추천한다.
큰 창 너머로 분주히 움직이는 사람들을 바라보며 바리스타가 내려 주는 커피와 이곳의 로켓 브런치 Rocket Brunch를 맛보며 오늘 하루도 기운차게 시작!

INFO

Ⓐ 149 Sathon Soi 12(BTS 총논시역에서 도보 7분)
Ⓖ 13.72276, 100.52591 Ⓣ 096-791-3192
Ⓗ 07:00-17:00 Ⓜ Map → 5-C4

16 Bitterman
비터맨

룸피니 공원 인근, 방콕의 브런치 문화를 이끌고 있는 대표 카페, 비터맨. 방콕 여행을 준비하는 여행자라면 한 번쯤은 듣게 될 이름이기도 하다. 음료 메뉴부터 디저트, 식사, 칵테일 메뉴까지 언제, 어떤 목적으로 오든 만족스럽다. 추천 메뉴는 소프트 크랩이 통으로 들어가 있는 햄버거 오 크랩 OH CRAB과 망고 페니워스 주스 MANGO PENNYWORTH JUICE.

INFO

Ⓐ 120/1, Saladaeng Rd(MRT 룸피니역에서 8분, 룸피니 공원에서 6분)
Ⓖ 13.72639, 100.53992 Ⓣ 063-846-2288 Ⓗ 11:00-23:00
Ⓘ @bitterman_bkk Ⓤ bittermanbkk.com Ⓜ Map → 5-C5

Tea House

티 하우스 : 각양각색, 차의 매력에 빠지다

태국의 차 문화는 하나로 정의하기 어렵다. 주황색 고운 빛깔에 달콤한 바닐라 향이 매력적인 타이 티를 비롯해 북부의 서늘한 고산 지방에서 로열 프로젝트의 일환으로 재배되는 고급 차, 그리고 태국 인구의 약 15%를 차지하는 중국인들을 통해 들여온 중국식 차, 5성급 호텔을 중심으로 구성된 애프터눈 티까지. 다양함으로 우리의 호기심을 자극하는 태국 차의 세계로 빠져 보자!

The Blooming Gallery 더 블루밍 갤러리

1 The Blooming Gallery
더 블루밍 갤러리

푸릇푸릇한 온실처럼 보이는 이곳은 사실 '지하'에 있다. 하지만 천장이 유리로 되어 있어 바깥의 햇살을 그대로 받아들이고, 사방을 둘러싼 거울이 이곳을 공간감을 확장시켜 답답함 없이, 오히려 개방감마저 느껴지는 공간이다. 공간 자체로도 충분히 감탄스럽지만, 이곳의 진정한 매력은 다양한 차 라인업에 있다. 입차를 주문하면 십여 종의 샘플을 가지고 와 시향하고 선택할 수 있도록 도와준다. 애프터눈 티 세트도 좋지만 많은 양이 부담스럽다면 스콘 세트를 추천한다.

INFO

Ⓐ 88/1 Thonglor, Sukhumvit 55(BTS 통로역에서 오토바이 택시로 3분)
Ⓖ 13.73089, 100.5819 Ⓣ 02-063-5508 Ⓗ 10:30-21:00
Ⓘ @thebloominggallery Ⓤ thebloominggallery.com Ⓜ Map → 3-C11

PLUS

특이한 타이 티(차옌)를 맛볼 수 있는 곳!

차이나타운의 롱 토우 카페 앳 야와랏(p.087)에서는 병 아래에 두부를, 위에는 타이티를 부은 '차후 Cha Hoo'를 판매한다. 두꺼운 스트로우를 꽂고 휘휘 저은 뒤 한 모금 마시면 마치 타피오카와 비슷한 느낌으로 빨려 올라오는 두부의 맛에 두 눈이 번쩍 뜨일 것이다!

02 Tea Factory and More
티 팩토리 앤 모어

트레일 앤 테일 Trail and Tail 반려견 공원에 위치한 티 하우스. 덕분에 수쿰빗 안에 위치하면서도 여유로운 전경을 자랑한다. 실내는 앤티크한 가구와 유럽풍 인테리어 아이템으로 꾸며져 있다. 8개국에서 수입한 다양한 종류의 차를 맛볼 수 있으며, 그중에서도 중국 다기를 사용한 본격적인 중국차도 즐길 수 있는 것이 특징적. 차 메뉴 외에도 커피를 비롯한 다양한 음료 메뉴, 식사 메뉴도 제공한다. 가게 한켠에서는 티 관련 잡화와 찻잎을 판매한다.

INFO

Ⓐ 95 Soi Sukhumvit 39(BTS 프롬퐁역에서 오토바이 택시로 7분)
Ⓖ 13.74122, 100.57119 Ⓣ 062-575-4411 Ⓗ 월-금 09:00-19:00, 토-일 09:00-20:00 Ⓘ @teafactoryandmore Ⓜ Map → 3-C5

03 Siam Tea Room
시암 티 룸

현대적인 인테리어의 방콕 메리어트 마르퀴스 퀸즈 파크 로비 한켠에 지극히도 태국스러운 시암 티 룸의 입구가 보인다. 안으로 들어서면 태국의 전통 과자와 서양식 베이커리가 한데 모여 있고, 좌측으로 들어서면 차와 식사를 즐길 수 있는 차분한 공간이 배치되어 있다. 이곳에서는 딜마 Dilmah의 홍차를 비롯해 다양한 로컬 드링크와 커피, 그리고 소프트 드링크를 취급한다. 태국 전통 식사 메뉴도 호평이니 기회가 된다면 함께 맛볼 것을 추천!

INFO

Ⓐ 199 Soi Sukhumvit 22(BTS 프롬퐁역에서 도보 10분)
Ⓖ 13.73029, 100.56548 Ⓣ 02-059-5999
Ⓗ 08:00-23:00 Ⓤ bangkokmarriottmarquisqueenspark.com/dining/siam-tea-room/ Ⓜ Map → 3-C16

PLUS

호텔에서 즐기는 애프터눈 티

태양의 열기가 지면과 가장 가까워지는 무더운 시간, 5성급 호텔에서 애프터눈 티를 맛보며 진정한 휴식을 즐기자. 예약은 필수!

1. SO Bangkok : MIXO
소 방콕 : 미쏘

인피티니 풀로 유명한 소 방콕의 9층에 위치한 로비 티룸. 로비가 오픈되어 있는 형태여서 조금 부산스러운 점이 아쉽지만, 너른 창 너머로 보이는 룸피니 공원의 전망으로 모든 게 용서된다.

Ⓐ 2 North Sathorn(MRT 룸피니역에서 도보 4분) Ⓖ 13.7263, 100.54307
Ⓣ 02-624-0000 Ⓗ 14:30-17:00
Ⓤ so-sofitel-bangkok.com/wine-dine/mixo Ⓜ Map → 5-C6

2. THE PENINSULA BANGKOK : THE LOBBY 더 페닌슐라 방콕 : 더 로비

목재를 충분히 활용한 중후한 분위기의 인테리어에서 즐기는 애프터눈 티. 3단 트레이에 케이크, 핑거푸드, 스콘을 함께 내온다. 티는 마리아주 프레르와 아락사 중 선택할 수 있다.

Ⓐ 333 Charoen Nakhon Rd(BTS 끄룽 톤부리역에서 도보 10분, BTS 싸판 딱신역 페리 선착장에서 더 페닌슐라 방콕 전용 셔틀보트 이용)
Ⓖ 13.72302, 100.5114 Ⓣ 02-020-2888
Ⓗ 14:00-18:00 Ⓟ 2인 1,600
Ⓤ peninsula.com Ⓜ Map → 5-C7

3. Grand Hyatt Erawan Bangkok : Erawan Tea Room
그랜드 하얏트 에라완 방콕 : 에라완 티 룸

태국식 애프터눈 티를 즐길 수 있는 곳. 잎사귀 모양의 초록색 트레이에 컬러풀한 케이크와 태국식 디저트를 함께 내온다.

Ⓐ 494 Phloen Chit Rd(에라완 방콕 2층)
Ⓖ13.7442, 100.54062 Ⓣ 02-254-6250
Ⓗ 14:00-18:00 Ⓟ 1인 650밧~
Ⓤ hyatt.com Ⓜ Map → 6-C1

4. MANDARIN ORIENTAL BANGKOK : The Authors' Lounge
만다린 오리엔탈 방콕 : 더 오서스 라운지

화이트와 민트 컬러의 조합으로 사랑스러우면서도 고풍스러운 느낌을 주는 공간. 태국 느낌 가득 오리엔탈 Oriental과 서양식 페스티브 Festive, 비건 Vegan 애프터눈 티 세트 중 선택.

Ⓐ 48 Oriental Ave(BTS 싸판 딱신역 페리 선착장에서 짜오프라야 익스프레스 이용, 다음 정거장 오리엔탈 Oriental에서 하차) Ⓖ 13.72405, 100.51422
Ⓣ 02-659-9000 Ⓗ 12:00-18:00 Ⓟ 1인 1,500밧~
Ⓤ mandarinoriental.com Ⓜ Map → 5-C2

Dessert
디저트 : 이토록 달콤한 방콕

열심히 돌아다니다 보면 유독 '당이 필요할 때'가 있다. 시원한 에어컨을 쐬며, 커피 말고 아이스크림이 먹고 싶을 때, 입안 가득 당분으로 피로회복제가 되어 줄 케이크가 필요할 때 찾아가면 좋을 방콕의 디저트 맛집을 소개한다!

1 Hēi Jīi
헤이지

TCDC 근처에 위치한, 고전적인 중국 스타일의 카페. 메뉴를 주문하면 중국어 신문을 예쁘게 '사선'으로 접어 테이블을 세팅해 주는 데서 센스가 느껴진다. 베이커리류 중 가장 인기 있는 메뉴는 휘낭시에. 주문하면 세 개를 예쁘게 묶어 내어 준다. 시그니처 음료는 태극문양이 인상적인 인양 YIN YANG과 콜드브루의 깔끔함에 오렌지의 상큼함을 더한 니트로 토닉 NITRO TONIC.

INFO

Ⓐ 415 Charoen Krung Rd(티시디시에서 도보 2분) Ⓖ 13.72785, 100.51634
Ⓣ 062-709-4545 Ⓗ 09:00-18:00 Ⓘ @heijiibkk Ⓜ Map → 5-D1

2 Paris Mikki
파리스 미키

얼핏 보면 마치 유럽의 작은 갤러리처럼 보이는 케이크 전문점. 실내에는 케이크 쇼케이스와 작은 테이블 두세 개 밖에 없지만, 2017년 '베스트 파티시에'에 선정된 캐롤 부사바 Carol Boosaba가 메인 파티시에를 맡고 있는 실력파 가게이다. 혼자서 먹기 좋은 작은 사이즈의 타르트와 미니 케이크들은 화려한 비주얼을 뽐내는데, 깔끔한 맛의 티와 함께 맛볼 것을 추천한다. 센트럴 엠버시와 센트럴 월드에도 지점이 있다.

INFO

Ⓐ 27 Soi Sukhumvit 19(BTS 아속역에서 도보 3분) Ⓖ 13.73961, 100.55991
Ⓣ 088-870-0020 Ⓗ 11:00-21:00 Ⓜ Map → 3-D1

3 PARDEN
파든

일본인 오너가 운영하는 과일 디저트 가게. 신선한 과일을 듬뿍 올린 파르페와 생과일주스를 비롯해 커피도 판매한다. 추천하는 메뉴는 파든 푸르트 파르페 Parden Fruit Parfait. 8종류의 태국 제철 과일에 요거트 아이스크림, 그리고 홈메이드 패션 푸르트 소르베를 얹어 준다. 열대 과일을 조금씩, 다양하게 맛보기 딱. 아기자기한 소품을 판매하는 잡화점을 겸하고 있어 구경하는 재미가 쏠쏠하다.

INFO

Ⓐ The Manor 2F, 32/1 Sukhumvit soi 39(BTS 프롬퐁역에서 도보 8분) Ⓖ 13.73482, 100.572 Ⓣ 02-204-2205 Ⓗ 수-금 11:00-17:45, 토 12:00-18:30, 일 12:00-17:45(월화 휴무, 45분 전 주문 마감) Ⓟ 파든 푸르트 파르페 220밧 Ⓘ @pardenbkk Ⓜ Map → 3-D3

4 FARM to TABLE, Hideout
팜 투 테이블, 하이드아웃

빡끌롱 꽃시장 근처의 아담한 카페 레스토랑. 규모는 작지만, 작은 마당이 딸린 독채여서 느긋하게 쉬어가기 좋다. 카페 이름에서 알 수 있듯 유기농 식자재를 활용한 식사류와 디저트류를 판매하고 있다. 디저트류 중에서는 젤라토에 태국식 디저트를 가미해 맛볼 수 있는 메뉴가 눈에 띈다. 일곱 가지 맛의 젤라토 중 원하는 것을 선택하고 거기에 코코넛 쌀 경단, 쌀 과자, 녹두 케이크 등의 태국 전통 과자를 추가해 맛볼 수 있다.

INFO

Ⓐ 15 Soi Tha Klang(MRT 싸남 차이역에서 도보 4분) Ⓖ 13.7437, 100.4969 Ⓣ 02-004-8771 Ⓗ 10:00-20:00 Ⓟ 태국 녹두 케이크+젤라토 82밧 Ⓘ @farmtotablecafe Ⓜ Map → 4-D2

5 Make Me Mango
메이크 미 망고

이름 그대로 '망고'를 전문으로 하는 카페이다. 40여 년 된 오래된 건물을 오로지 망고를 위해 오픈했다. 실내는 좁고 높게 활용하고 있는데, 각 층이 단절되어 있지 않고 이어져 있어 답답하지 않다. 가게 한 공간에 설치된 그물침대는 최고의 인증 샷 스폿. 다양한 메뉴 중 가게 이름과 같은 시그니처 메뉴, '메이크 미 망고'를 추천한다. 신선한 망고 반쪽과 스티키 라이스, 망고 아이스크림, 망고 푸딩 등을 플레이트로 즐길 수 있다.

INFO

Ⓐ 67 Maha Rat Rd(왓 포에서 도보 5분) Ⓖ 13.74515, 100.49129 Ⓣ 02-622-0899 Ⓗ 월-목 10:30-20:00, 토-일 10:30-20:30 Ⓘ @makememango Ⓜ Map → 4-D1

6 Holey Artisan Bread
홀리 아티산 브레드

프롬퐁역 인근의 빵집. 빵에 대한 열정이 가득한 릴리안과 그녀의 남편이자 요리사인 포라그, 그리고 사닷이 함께 운영한다. 그들은 빵이 가진 히스토리를 알고, 전통 요리법에 따라 빵을 굽고 제공하는데 힘쓰고 있다. 목재를 활용한 독특한 분위기의 외관에, 이층으로 나뉜 내부는 포근한 분위기. 쇼케이스에 샌드위치부터 크루아상, 바게트, 케이크, 도넛, 건강빵 등 다양한 빵이 진열되어 있어 고르는 재미가 있다. 커피도 괜찮다.

INFO

Ⓐ 245/12 Sukhumvit 31(BTS 프롬퐁역에서 오토바이 택시로 3분) Ⓖ 13.73788, 100.56649 Ⓣ 02-101-1427 Ⓗ 07:00-19:00 Ⓤ @ holeybreadbkk Ⓜ Map → 3-D2

Thai Local Food

Special

TIP.
태국 요리는 이름을 지을 때 재료와 조리 방법을 합친다.
아래는 알아두면 유용한 음식 관련 태국어다.

재료	조리 방법
닭 - 까이 - ไก่	볶음 - 팟 - ผัด
달걀 - 카이 - ไข่ไก่	튀김 - 텃 - ทอด
돼지 - 무 - หมู	구이 - 양 - ย่าง
소 - 느아 - เนื้อ	끓임 - 똠 - ต้ม
오리 - 뻿 - เป็ด	찜 - 능 - นึ่ง
새우 - 꿍 - กุ้ง	다 - 짐 - 쌉 สับ
게 - 뿌 - ปู	꼬치구이 - 삥 - ปิ้ง
생선 - 쁠라 - ปลา	무침 - 얌 - ยำ
오징어 - 쁠라믁 - ปลาหมึก	

추천! 태국 로컬 푸드

태국 전통 음식점에 방문해 자리에 앉으면 가장 먼저 접하게 되는 메뉴판! 친절하게 사진이 첨부되어 있다면 큰 문제 없겠지만, 이름만 주르륵 나열되어 있다면 당황스럽기 그지 없다. 그럴 때 참고하면 좋은 대표 로컬 푸드 리스트와 이름으로 어떤 요리인지 유추하는 방법을 소개한다.

수프 ซุป

ต้มยำกุ้ง 똠얌꿍

똠(수프) + 얌(무침) + 꿍(새우)

세계 3대 수프 중 하나로 알려진 대표 메뉴. 시큼하게 느껴지는 국물 맛은 초심자에겐 쉽지 않다. 그래도 한 번 빠지면 헤어나올 수 없는 맛.

แกงส้ม 깽쏨

깽(스프)+쏨(시다)

태국판 김치찌개. 비주얼은 김치찌개와 다르지만, 신기하게도 익숙한 맛이 난다. 전과 비슷한 모양과 맛의 채소 오믈렛을 넣기도 한다.

แกงเขียวหวาน 깽키여우완

깽(스프) + 키여우(초록색) + 완(달다)

그린 커리 페이스트에 코코넛 밀크, 채소, 고기 등을 넣고 마지막에 홍고추와 바질을 올려 내오는 음식. 강렬한 향신료를 코코넛이 달콤하게 감싼다.

밥 ข้าว

ข้าวผัดปู 카오팟뿌

카오(밥) + 팟(볶음) + 뿌(게)

게 볶음밥. 메인 재료가 게에서 다른 것으로 바뀌면 그에 따라 카오팟꿍(새우), 카오팟까이(닭) 등 끝 단어만 조합하면 된다.

ข้าวมันไก่ 카오만까이

카오(밥) + 만(기름을 넣다) + 까이(닭)

닭 기름을 넣어 볶은 밥에 촉촉하게 찐 닭고기를 얹어주는 요리. 함께 내오는 소스에 닭고기를 찍어 먹으면 된다.

면
ก๋วยเตี๋ยว

팟(볶음) + 타이(태국)

ผัดไทย
팟타이

태국 스트리트 푸드의 대명사. 야시장을 다니다 보면 꼭 손에 들고 다니게 되는 음식이다. 특별하게 유명한 가게들도 있지만, 솔직히 어디서 먹어도 평균 이상은 한다.

꾸어이띠여우(쌀국수) + 옌타포(중국식 두부 요리)

ก๋วยเตี๋ยวเย็นตาโฟ
꾸어이띠여우 옌타포

옌타포는 두부 속에 다진 고기나 어묵을 넣어 튀긴 것을 말하는데, 최근엔 튀긴 두부와 어묵을 따로, 거기에 쌀국수까지 첨가한다. 핑크색은 삭힌 두부장 컬러이며, 매콤 새콤 독특하다.

ข้าวซอย
카오 쏘이

넓게 자른 쌀국수 면을 사용한다. 가게에 따라 에그누들(반미)을 사용하기도. 육수도 천차만별인데, 카레 스프에 코코넛 밀크를 첨가하고, 튀긴 에그누들을 고명으로 얹는 곳이 많다.

카오(쌀) + 쏘이(자르다)

사이드 메뉴
กับข้าว

얌(무침) + 운센(당면)

ยำวุ้นเส้น
얌운센

투명하고 가느다란 당면에 새우, 볶은 땅콩 분태, 피시소스, 칠리소스 등을 무쳐 만드는 요리. 매콤하면서도 달콤한 맛이 조화를 이룬다.

ส้มตำ
쏨땀

쏨(시다) + 땀(찧다)

파파야 샐러드. 채 썬 그린 파파야에 토마토나 라임, 새우, 피시소스 등을 넣고 절구에 찧어 내온다. 새콤달콤한 맛이 일품. 닭구이인 까이양과는 찰떡궁합.

팍붕(공심채) + 파이뎅(불)

ผัดผักบุ้งไฟแดง
팍풍파이뎅

공심채 볶음. 시금치 볶음과 비슷한 맛이 난다. 밥이 있을 때 시키면 딱이다. 가게에 따라서는 매콤하게 볶아내는 등 응용 메뉴를 제공하기도.

고기
เนื้อสัตว์

태국식 프라이드 치킨. 바싹 튀긴 까이텃은 상상하는 그 맛. 닭날개 튀김은 '삐까이텃 ปีกไก่ทอด'이라고 한다.

ไก่ทอด
까이텃

까이(닭) + 텃(튀김)

구운 돼지 요리. 보통 함께 찍어 먹을 소스를 내온다. 태국에서 구이 요리를 먹고 싶다면 돼지고기나 닭고기, 해산물을 추천한다. 소고기는 비추.

หมูย่าง
무양

무(돼지) + 양(구이)

Thai Cuisine

정통 태국 음식 : 태국을 맛보는 시간

음식에는 그 지역의 지리적 특성이, 그리고 문화가 반영된다. 방콕에 왔으니 본토의 요리를 맛보자. 그 속에 분명 '입'을 통해서만 발견할 수 있는 태국의 모습이 있을 테니.

The Never Ending Summer 더 네버 엔딩 썸머

The Never Ending Summer 모히또

The Never Ending Summer
더 네버 엔딩 썸머

짜오프라야 강변에 위치한 여름을 닮은 레스토랑.
얼음 공장이었던 곳을 목재와 벽돌 등 따뜻한 소재로 리뉴얼해 아늑한 공간으로 재탄생시켰다. 거기에 행잉플랜트가 초록색 기운을 더하고, 천장으로 쏟아지는 햇살은 생동감을 더한다. 식사 공간 뒤쪽의 통유리 너머로 셰프들이 분주하게 요리하는 모습을 볼 수 있으며, 어떤 요리를 주문해도 기본 이상으로 맛있다.

INFO

Ⓐ 41/5 Charoen Nakhon Rd Ⓖ 13.72956, 100.51075
Ⓣ 061-641-6952 Ⓗ 11:00-22:00
Ⓤ facebook.com/TheNeverEndingSummer Ⓜ Map → 5-R1

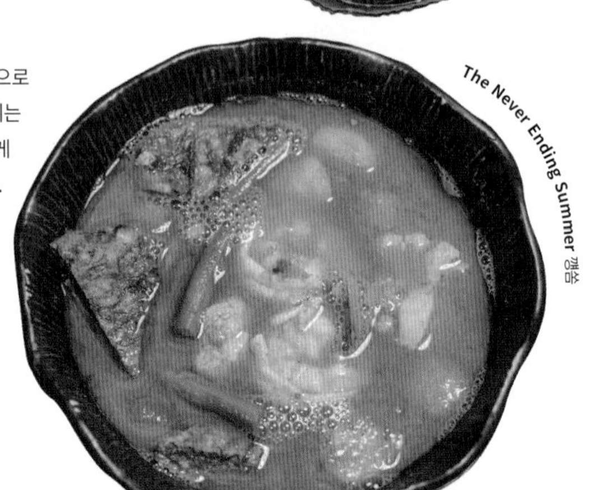

The Never Ending Summer 갱솜

Farm mu cafe 건강 스무디

Farm mu cafe
팜 무 카페

방나 지역의 핫 플레이스, 닷파 DADFA(p.103)에 자리한 오가닉 레스토랑으로 건강한 태국 가정식을 맛볼 수 있다. 모든 요리는 MSG와 정제당을 사용하지 않고 오롯이 자연의 식자재만으로 맛을 내며, 사용하는 채소들은 직접 키우거나 뜻을 함께하는 농장과 공정거래한다. 추천 메뉴는 고소한 맛이 일품인 구운 고등어를 얹은 돼지고기 볶음밥 Mackeral fried rice mixed with crunchy pork. 그리고 상큼한 쏨땀과 함께 허브 돼지고기, 찰밥, 채소 등이 플레이트로 나오는 쏨땀 팜 무 SOMTUM FARM-MU도 인기다.

Farm mu cafe 쏨땀 팜 무

Farm mu cafe 망고 라이스

INFO

Ⓐ 539 lasalle Rd Bangna sout(닷파 아트 마켓 내) Ⓖ 13.663, 100.61794
Ⓣ 065-928-3688 Ⓗ 10:30-21:00 Ⓤ facebook.com/farmmucafe
Ⓜ Map → 8-R2

Sit and Woder
싯 앤 원더

통로역 인근, 괜찮은 분위기에 합리적인 가격으로 인기를 끌고 있는 레스토랑. 점심 시간이 훌쩍 넘은 시간에 방문해도 대기가 있을 정도로 핫하다. 이곳의 인기 메뉴는 '닭볶음탕'과 흡사한, 아주 친숙한 맛이 나는, 닭고기 캐슈넛 볶음. 그리고 똠얌꿍과 모닝글로리, 음료는 땡모반을 많이 주문한다. 가장 기본적인 메뉴가 맛있기로 소문난 만큼 내공이 출중하다. 향신료를 못 먹는 사람과 좋아하는 사람이 함께 오더라도 모두가 만족할 만한 곳이다.

Sit and Woder 닭고기 캐슈넛 볶음

Sit and Woder 땡모반

INFO

Ⓐ 119 2.Floor, Sukhumvit57(BTS 통로역에서 도보 6분)
Ⓖ 13.72528, 100.58007 Ⓣ 061-198-9782 Ⓗ 11:00-23:00
Ⓤ sitandwonderbkk.com Ⓜ Map → 3-R11

Lay Lao 쏨땀 라오 샐러드

Phanfa 집게발, 게살 볶음밥

Shamballa Somtam 기본 쏨땀

Shamballa Somtam 허니 그릴 치킨

Shamballa Somtam est cola

4 Phanfa 판파

겉보기에는 허름해 보이는 타이-차이니즈 식당이지만, 미쉐린 빕구르망에 선정된 게 요리 전문점이다. 오랫동안 가게를 이어왔기에 이 지역 주민들에게는 추억이 담긴 식당이기도 하다. 판파를 찾았다면 붉은 집게발 찜을 꼭 먹어 보자. 갓 쪄서 내오는 것이 아니기 때문에 살짝 차갑지만 쫀득쫀득한 게살을 음미하기에는 오히려 적정 온도. 볶음밥과 함께 먹으면 든든한 한 끼 식사로 충분하다.

INFO

Ⓐ 365/2-3 Thanon Phra Sumen
Ⓖ 13.76042,100.50129 Ⓣ 02-281-6890
Ⓗ 10:00-19:00 Ⓜ Map → 4-R3

5 Lay Lao 레이 라오

태국 북동부의 요리를 맛볼 수 있는 캐주얼 다이닝. 넓진 않지만, 군더더기 없이 깔끔한 실내에, 2018년부터 꾸준히 미쉐린 빕구르망에 이름을 올리고 있을 정도로 인증된 맛집이다. 해산물이 들어간 요리를 특히 잘한다. 추천 메뉴는 통 오징어 구이! 쏨땀 라오 샐러드는 매콤한 쏨땀과 함께 다양한 북동부 요리를 플레이트로 즐길 수 있어 인기다. 다만, 쏨땀에 들어간 피시소스가 다른 곳보다 강한 편이어서 태국 요리 초심자에게는 비리게 느껴질지도.

INFO

Ⓐ Soi Phahon Yothin 7(BTS 아리역에서 도보 3분)
Ⓖ 13.78174, 100.54378 Ⓣ 062-453-5588
Ⓗ 10:00-22:00 Ⓘ @laylao_official Ⓜ Map → 7-R2

6 Shamballa Somtam 샴발라 쏨땀

아리역에서 최근 부상하고 있는 맛집. 작지만 깔끔한 실내 인테리어. 아주 저렴한 가격으로 로컬은 물론이고 여행자들에게도 인기를 끌고 있다. 가게 이름에 쏨땀이 들어가 있는 만큼 쏨땀이 메인이지만, 닭구이와 팟타이, 똠얌꿍도 맛있다. 방콕의 무더위에 입맛이 돌지 않는다면 가장 기본 쏨땀에 허니 그릴 치킨을 주문해 볼 것! 새콤달콤 부담 없이 먹기 좋은 쏨땀을 닭구이에 얹어 먹으면 없던 식욕도 생겨날 것이다.

INFO

Ⓐ 3 Phahon Yothin 7 Alley(BTS 아리역에서 도보 3분)
Ⓖ 13.78182, 100.54365 Ⓣ 02-357-1597
Ⓗ 10:00-21:00 Ⓜ Map → 7-R1

뿌팟퐁커리, 어디서 먹을까?

부드러운 게살과 고소한 카레가 만나 환상의 궁합을 자랑하는 뿌팟퐁커리는 태국에서 먹고 싶은 음식 베스트에 항상 포함되는 요리. 대부분의 태국 요리 전문점에서 이 카레를 선보이고 있는데, 선택할 때 가장 중요하게 고려해야 할 것 은 바로 어떤 게를, 어떻게 조리했냐는 점!

소프트셸 크랩 Soft-shell Crab

껍질까지 통째로 씹어먹을 수 있는 게를 넣어 만든다. '씹어'먹는다는 표현 때문에 조금은 딱딱하지 않을까 싶을지도 모르지만, 살짝 바삭한 정도로 아주 부드럽다. 껍질까지 먹을 수 있다 보니 발라먹지 않아도 돼 편하고, 더 고소하게 느껴지는 건 기분 탓일지? 소프트셸 크랩 '뿌님팟퐁커리'를 맛볼 수 있는 가게 중 추천하는 곳은 룸피니 공원 남쪽에 위치한 노스이스트.

ปูนิ่มผัดผงกะหรี่

Northeast
노스이스트

INFO

Ⓐ 1010 12-15 Rama Ⅳ Rd(MRT 룸피니역에서 도보 5분) Ⓖ 13.72704, 100.54193
Ⓣ 02-633-8947 Ⓗ 월-토 11:00-21:00(일 휴무)
Ⓜ Map → 5-R6

Sorntong Pochana
쏜통 포차나

INFO

Ⓐ 2829 31 Rama Ⅳ Rd(MRT 퀸 시리킷 내셔널 컨벤션 센터역에서 도보 12분)
Ⓖ 13.71937, 100.5666 Ⓣ 02-258-0118
Ⓗ 16:00-01:30 Ⓟ 뿌팟퐁커리 1kg 1,200밧
Ⓜ Map → 3-R15

ปูผัดผงกะหรี่

하드셸 크랩 Hard-shell Crab

딱딱한 껍데기를 가진 게를 넣어 만든다. 껍데기는 실수로 씹기라도 하면 이가 아플 정도여서 귀찮아도 하나하나 발라 먹어야 한다. 하지만 화려한 비주얼에, 촉촉 오동통한 게의 속살을 발라 커리와 함께 쓱 떠 먹으면 이정도 귀찮음은 감내할 만하다고 느껴질 것! 소프트셸보다 훨씬 풍성한 게살을 맛볼 수 있다. 하드셸 크랩 뿌팟퐁커리는 명가 중의 명가, 쏜통 포차나를 추천한다.

크랩미트 Crabmeat

통통한 게살만을 넣어 만든 '탈레팟퐁커리'도 있다. 말 그대로 하드셸 크랩 속살을 모두 발라서 내주는 것! 먹기 편한 건 장점이지만, 사진을 찍기엔 비주얼이 좀 허전하고 일반 뿌팟퐁커리에 비해 비싸다는 단점이 있다. 그래도 게살로 가득한 카레를 한 숟갈 푹 떠서 밥에 비벼먹으면 크랩미트로 시키길 잘했다는 생각이 절로 든다. 탈렛팟퐁커리는 너무나도 유명한 쏨분 시푸드를 추천한다.

เนื้อปูผัดผงกะหรี่

Somboon Seafood
쏨분 시푸드

INFO

Ⓐ 본점, 센트럴월드, 시암 스퀘어 원, 랏차다,센트럴 엠바시 등 7개 지점
Ⓗ 11:00-21:30 Ⓜ Map → 6-R4

Noodle

국수 : 소박함 속에 감춰진 화려한 맛

태국의 쌀국수는 저렴하게는 40밧부터 아무리 비싸도 100밧을 좀처럼 넘기지 않는 소박한 한 끼 음식이다. 하지만 막상 한 입 맛보면 소박함과는 거리가 먼 풍성한 맛에 깜짝 놀라게 된다. 향신료의 나라답게 하나의 요리에서 다양한 맛이 조화를 이루는 찬란한 맛의 향연을 즐길 수 있기 때문이다. 담백한 맛의 베트남 쌀국수와는 확연히 다른, 화려한 맛의 태국 쌀국수를 즐기러 출발!

ก๋วยจั๊บ

INFO ②

Ⓐ 408 Yaowarat Rd(MRT 왓 망꼰역에서 도보 3분)
Ⓣ 061-782-4223 Ⓖ 13.74062, 100.50922
Ⓗ 화-일 11:00-00:00(월 휴무) Ⓜ Map → 4-R5

S 60฿

ก๋วยเตี๋ยวต้มยำ

INFO ①

Ⓐ 10 3 Sukhumvit 26 Alley(BTS 프롬퐁역에서 도보 3분)
Ⓖ 13.72827, 100.57045
Ⓣ 084-527-1640 Ⓗ 08:00-17:00
Ⓜ Map → 3-R5

S 60฿

테이블에 놓인 소스로 국수를 더욱 맛있게!
국숫집에 가면 항상 테이블에 소스가 세네 가지 정도 놓여 있다. 보통 피시소스, 설탕, 고춧가루, 식초, 매운 고추 소스 등이 있으며 이들은 냉면집에 가면 기본으로 내어주는 식초와 겨자 역할을 한다. 두려워하지 말고 도전!

Rung Reung Pork Noodle
룽 르엉 포크 누들

프롬퐁역에서 '어묵 국수' 맛집 룽 르엉이 있다고 하는 골목을 따라 2~3분 정도 걷다 보면 같은 간판, 하지만 다른 두 곳의 가게가 나온다. 사실 이 두 곳의 시작은 같았다. 하지만 원 주인이 죽으며 그의 두 아들이 가게를 물려받았는데 다툼이 생기며 사이에 벽을 세웠다고. 누군가는 코너 쪽에 있는 가게가 원조라고 말하지만, 동일한 원료, 동일한 레시피로 조리하기에 어디서 먹든 상관 없다. 국수는 똠얌 국물, 맑은 국물, 아니면 비빔 중 선택할 수 있으며 면의 종류도 고를 수 있다. 그중에서도 가장 인기는 똠얌 국수! 깔끔한 육수에 탱글탱글 어묵은 부담 없는 맛이다.

Kuai Chap Uan Photchana
꾸어이짭 유안 포차나

가게가 오픈하기 30분 전부터 인도에 설치된 야외 테이블에 삼삼오오 사람들이 모여든다. 자리에 앉으면 점원이 와 국수의 사이즈와 달걀을 넣을지 물어본다. 국수는 얼핏 보기엔 삼삼할 듯 보이지만, 진한 돼지고기 육수에 후추를 사용해 얼큰함을 더한 맛이 일품이다. 꾸어이짭(롤 누들)은 젓가락이 아닌 숫가락으로 떠 먹어야 하는데, 쫄깃한 면의 식감이 매력적이다. 국수에 얹어 나오는 바싹 익힌 돼지고기 고명은 계속 먹고 싶은 마성의 맛. 참고로 자리에 앉았을 때 내주는 튀김(빠떵꼬)은 국수에 넣어 먹는 것으로 먹고 싶다면 10밧을 별도로 지불해야 한다.

บะหมี่กวางตุ้

S
40฿

INFO 4

Ⓐ 528 Thanon Tanao(왕궁에서 도보 10분)
Ⓣ 063-1599-162 Ⓖ 13.75277, 100.49831
Ⓗ 화-일 11:00-21:00(월 휴무) Ⓜ Map → 4-R4

ก๋วยเตี๋ยวเนื้อ

100฿

INFO 3

Ⓐ 336 338 Ekkamai Rd(BTS 에까마이역에서 오토바이택시로 7분)
Ⓖ 13.73416, 100.58764 Ⓣ 02-391-7264
Ⓗ 09:00-19:30 Ⓜ Map → 3-R13

ก๋วยจั๊บ

S
100฿

INFO 5

Ⓐ 442 Soi Yaowarat 9(MRT 왓 망꼰역에서 도보 4분)
Ⓖ 13.74016, 100.51001 Ⓣ 02-226-4651
Ⓗ 08:00-24:00 Ⓜ Map → 4-R6

ร้านก๋วยจั๊บนายเอ็ก

WattanaPanich
와타나파닛

입구 앞, 거대한 냄비에서 보글보글 끓고 있는 소고기가 시선을 사로잡는 이곳이 '소고기 국수'로 유명세를 얻은 와타나파닛이다. 자리에 앉아 메뉴판에서 국수의 종류와 면 굵기를 정하면 잠시 후 뜨끈한 국수를 가져다준다. 한 젓가락 후루룩 빨아 올리면 깊은 맛의 소고기 육수와 부드러운 면이 입안에 착 감긴다. 실내는 1층과 2층으로 나뉘어 있는데 2층에는 에어컨이 있으니 덥다면 2층 자리에 앉을 것.

ThanthipCantonese Noodle
탄팁 광동식 태국 쌀국수

리어카와 야외 테이블로 영업하는 노상 국숫집이지만, 맛있기로 소문나 점심시간이면 근처에 관공서에서 공무원들이 많이들 먹으러 온다. 이곳의 추천 메뉴는 비빔 국수. 국수에 뿌려 주는 빨간색 소스는 초고추장과 비슷한, 매우 익숙한 맛이 난다. 가느다란 면을 이 소스에 비비고 얇게 저민 돼지고기 한 점과 함께 입에 넣으면 호불호 없는 환상의 맛. 올드타운을 둘러볼 때 꼭 한 번 들러 보길.

Nai Ek Roll Noodle
나이 엑 롤 누들

자고로 야와랏 로드에는 꾸어이짭 양대 산맥이 있다. 바로 앞서 소개한 유안 포차나와 여기, 나이 엑이다. 두 곳의 차이는 극명하다. 바로 고명. 이곳은 누구나 맛있게 먹을 수 있는 유안 포차나의 돼지고기 고명과 달리, 익힌 돼지 내장을 넣어줘 호불호가 갈린다. 확신하건대 순대국밥이나 내장탕을 즐겨 먹는 사람이라면 무조건 좋아할 그런 맛! 게다가 저렴한 가격에 인심은 얼마나 후한지 무심한 듯 툭툭 자른 내장을 면보다 더 많이 넣어 준다.

Suki & Hot Pot

수끼 & 핫팟 : 마음까지 따듯해지는 한 끼

하나의 냄비에 여럿이 둘러앉아 육수를 팔팔 끓이고, 다양한 식자재를 익혀 먹는 요리. 보통 핫팟, 샤부샤부로 부르는 이 요리를 태국에서는 수끼라고 부른다. 일 년 내내 무더운 태국이지만, 수끼는 가족과 함께 먹기 좋은 음식으로 사랑받으며 수많은 요식업 중에서도 유독 '체인 사업'이 발달했다. 태국 국민들의 풍요로운 한 끼 식사이자 마음까지 따뜻하게 어루만져주는 수끼를 맛보자!

INFO

시암 파라곤점(골드)
Ⓐ Ground Floor, 991/1 Rama I Rd
Ⓖ 13.74592, 100.5347 Ⓣ 02-610-9336
Ⓗ 10:00-22:00 Ⓜ Map → 6-R2

MK Restaurants
엠케이 레스토랑

BTS 살라댕역 인근 세 곳 지점, BTS 에까마이점(골드 뷔페), 마분콩 7층, 센트럴 월드 플라자 7층, 빅씨 시암점 4층, 터미널21 4층, 엠쿼티어 6층, 아시아티크에도 있어요.

MK는 수끼 레스토랑 체인 중 가장 많은 지점을 보유한 곳이다. 그래서인지 수끼 하면 MK를 떠올리는 사람이 많다. 1962년 개업 당시에는 태국 요리 전문점으로 시작했으나 1984년부터 수끼를 판매하며 급속도로 성장해 현재는 전 세계 400여 곳의 지점을 가진 세계적인 브랜드가 되었다. MK는 지점에 따라 일반과 골드로 나뉘는데 골드는 좀 더 고급스러운 분위기에, 좋은 식자재를 쓰는 대신 일반에 비해 20~30%가량 비싸다. 일반과 골드 모두 뷔페로 운영되는 곳도 있으니 참고할 것.

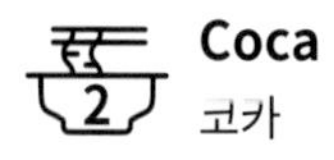

Coca
코카

1957년에 오픈한 수끼의 원조로 불리는 레스토랑. 코카는 '식욕을 돋운다'는 뜻으로, 현재는 14개국으로 사업을 확장해 전 세계에 신선하고 건강한 먹거리, '타이수끼'를 알리는 데 힘을 싣고 있다. 수끼 주문 시 육수를 최대 두 가지 선택할 수 있는데 똠얌, 생선, 채소 등이 있으며 그중 똠얌이 가장 인기가 많다. 재료 선택이 어렵다면 플래터나 세트 메뉴를 주문하면 편한다. 런치와 디너 타임에 뷔페를 운영하는 지점도 있다. 딤섬, 베이징덕 등의 단품 메뉴도 다양하고 맛도 좋은 편이다.

INFO

센트럴월드점
Ⓐ 999/9 Rama I Rd, Pathum Wan, Bangkok
Ⓖ 13.74914, 100.54233 Ⓣ 02-251-6337
Ⓗ 10:00-23:00 Ⓤ coca.com Ⓜ Map → 6-R3

HANJI
한지

통로역에서 한참을 떨어진, 차분한 분위기의 골목에 위치한 대만식 핫팟 전문점. 실내는 고급스럽고 편안한 느낌이다. 주문 시 한지 세트를 선택하면 기본적으로 제공되는 채소에 고기, 수프 종류, 사이드 디쉬, 애피타이저를 추가로 고르면 돼 편하다. 단품으로도 주문이 가능하다. 입구 쪽에 소스 테이블이 있어 취향에 맞게 직접 제조할 수 있다. 건너편에 빠톰 오가닉 리빙(z.111)이 있어 함께 들르면 좋다.

INFO

Ⓐ 38 Prompak Alley(BTS 통로역에서 오토바이 택시로 7분)
Ⓖ 13.73847, 100.57936 Ⓣ 02-120-6673
Ⓗ 월-목 11:00-22:00, 금-일 11:00-23:00
Ⓤ hanjibkk.co Ⓜ Map → 3-R8

Kagonoya
카고노야

일본 효고현에서 시작된 샤브샤브 전문 브랜드로, 해외는 방콕을 시작으로 매장을 확장하고 있다. 현재 방콕에 총 8개의 점포를 오픈했지만 통로 지점만 접근성이 좋다. 똠얌꿍 등 방콕에서만 맛볼 수 있는 한정 육수가 제공되는 것이 특징적. 90분 동안 무제한 뷔페 스타일으로 푸짐하게 즐길 수 있으며, 도시락에 1일분만 정갈하게 세팅해 주는 벤토 샤부 세트도 부담 없이 맛보기 좋다. 샤부샤부 외에 일식 단품 요리와 디저트도 판매한다.

INFO

Ⓐ Maze Thonglor 3th floor, Soi Thonglor 4, Sukhumvit55(BTS 통로역에서 도보 8분)
Ⓖ 13.72865, 100.58165 Ⓗ 11:00-22:00
Ⓣ 02-392-5189 Ⓤ facebook.com/kagonoya
Ⓜ Map → 3-R10

Texas
텍사스

텍사스와 수끼, 참으로 어울리지 않는 조합이다. 이곳이 '텍사스'가 된 것은 단순히 차이나타운에 위치한 본점이 원래 텍사스 극장이 있던 자리에서 가게를 시작했기 때문이라고. 다른 수끼 전문점들에 비해 향신료 맛이 덜해 누구든 부담 없이 즐길 수 있다. 주문 시 채소 세트에 추가 재료를 선택하면 편하다. 고기를 주문한다면 완자보다는 슬라이스 미트를 추천. 본점은 40여년 전 창업 이래 여전히 같은 자리에서 영업 중이며, 짜오프라야강 건너 톤부리 지역에 위치한 세나 페스트 Sena Fest라고 하는 쇼핑몰 내에도 지점이 있다.

INFO

본점
Ⓐ 17 Phadung Dao Rd(MRT 왓 망꼰역에서 도보 3분)
Ⓖ 13.74063, 100.51107 Ⓣ 02-623-3298 Ⓗ 11:00-21:30
Ⓜ Map → 4-R8

세나 페스트점
Ⓐ SENA fest 2F #205, Charoen Nakhon Rd(BTS 끄룽 톤부리역에서 도보 10분) Ⓖ 13.71936, 100.50732
Ⓣ 02-115-4550 Ⓗ 10:00-22:00 Ⓜ Map → 5-R2

International Cuisine

세계 요리 : 방콕에서 만나는 세계의 맛

태국 내 다문화의 중심지, 방콕. 수많은 외국인 여행자가 이 도시를 찾을 뿐만 아니라 이곳에 터를 잡은 경우도 심심치 않게 마주한다. 그만큼 방콕 요식업계는 그들의 취향에 맞춰 세계 각국에서 모여든 셰프들의 격전지가 되고 있다. 태국 요리만 먹고 가기엔 아쉽게 만드는, 방콕의 수준 높은 세계의 맛!

Indus
인더스

1960년대에 지어진, 우아한 아르데코 양식의 건물에 자리한 인도 레스토랑. 고급스러운 인테리어의 실내 곳곳에 미술 작품들이 걸려 있어 아트 갤러리와도 같은 분위기를 풍긴다. 이곳에서는 정통 무갈라이(로얄) 스타일의 인도 요리를 맛볼 수 있는데, 2017년부터 인도 내 최고 레스토랑에서 경력을 쌓아 온 아미트 쿠마르 Amit Kumar가 메인 셰프로서 주방을 책임지고 있다. 2019년에는 테이블 세팅부터 세심한 서비스, 훌륭한 음식까지 그 수준을 인정받아 미쉐린 가이드 원스타에 등극했다.

INFO

Ⓐ 71, sukhumvit soi 26(BTS 프롬퐁역에서 도보 10분) Ⓖ 13.72373, 100.56987
Ⓣ 086-339-8582 Ⓗ 월-목 11:00-14:30, 17:00-22:30, 금-일 11:00-22:30
Ⓤ indusbangkok.com Ⓜ Map → 3-R6

Lhong Tou Cafe at Yaowarat
롱 토우 카페 앳 야와랏

이곳을 유명하게 만든 것은 다름 아닌 내부의 좌석 구조! 한쪽 벽면에 붙어 있는 세 개의 2층 좌석은 사다리를 타고 올라가는 수고조차 즐겁게 만드는 즐거운 공간이다. 바깥 대기표에는 이 '2층 좌석'을 위한 버튼이 따로 있을 정도. 퓨전 타이-차이니즈 메뉴를 제공하는데 예쁠 뿐만 아니라 맛도 좋은 차이니즈 브렉퍼스트, 그리고 그 외 단품 요리와 음료들은 어떤 것을 주문해도 실패가 없다.

INFO

Ⓐ 538 Yaowarat Rd(MRT 왓 망꼰역에서 도보 5분)
Ⓖ 13.73931, 100.5116 Ⓣ 064-935-6499 Ⓗ 08:00-22:00
Ⓘ @lhong_tou Ⓜ Map → 4-R7

El Tapeo
엘 타페오

두 명의 스페인 출신 메인 셰프가 스페인 본고장의 맛을 그대로 재현할 뿐만 아니라, 활기찬 문화까지 함께 소개하는 스페인 요리 전문점. 3층 높이의 레스토랑은 로프트 형식으로 층층이 연결되어 있어 아늑한 느낌을 준다. 타파스와 리조또, 스테이크 등의 메인 요리를 비롯해 바스크 지방의 대표적인 핑거 푸드 핀초스도 오리지널 스타일로 즐길 수 있다.

INFO

Ⓐ 24 Sukhumvit 61 7-9(BTS 통로역에서 오토바이 택시로 4분) Ⓖ 13.72387, 100.58343 Ⓣ 083-263-6696
Ⓗ 화-금 11:30-15:00, 17:00-23:00, 토-일 11:30-23:30(월 휴무) Ⓘ @eltapeobkk Ⓤ eltapeobkk.com
Ⓜ Map → 3-R9

Peppe Italian Food & Wine
페페 이탈리안 푸드 & 와인

페페는 이탈리아 남부 지방의 작은 레스토랑을 연상하게 하는 사랑스러운 가게이다. 참으로 애매한 곳에 있음에도 손님이 끊이지 않는 이유는 이러한 분위기와 그에 버금가는 '맛', 그리고 오너 셰프 페페의 열정 덕분일 것이다. 거기에 합리적인 가격으로 음식과 와인을 제공하니 인기가 없을 리가! 캐주얼한 레스토랑이지만, 항상 웨이팅이 있으니 방문할 예정이라면 예약하거나 일찌감치 들를 것.

INFO

Ⓐ 1954/3 Sukhumvit Rd(BTS 방짝 Bang Chak역에서 도보 3분) Ⓖ 13.6989, 100.60384
Ⓣ 095-690-1899 Ⓗ 11:30-14:30, 17:30-22:30
Ⓤ facebook.com/peppebkk76
Ⓜ Map → 8-R1

Fine-Dining

파인다이닝 : 평범한 하루의 특별한 마무리

미식의 도시 방콕. 아시아 베스트 레스토랑 50, 월드 베스트 레스토랑 50 등 다양한 랭킹에 이름을 올린 인디안 레스토랑 가간 Gaggan을 필두로 수많은 파인다이닝이 전 세계 미식가들을 유혹한다. 여기서는 당신의 평범한 하루의 마무리를 특별하게 만들어 줄, 요즘 뜨는 파인다이닝 다섯 곳을 소개한다.

PLUS

JACK BAIN'S BAR 잭 배인스 바

니밋 실내 좌석 한켠에 위치한 원형 계단을 따라 올라가면 나오는 비밀스러운 바. 특히 야외의 테라스 석은 몇 자리 없을 뿐만 아니라 방콕의 야경, 그리고 137 필라스의 자랑 인피티니 풀이 한눈에 내려다보여 환상적이다. 시가 바도 겸하고 있다.

Ⓗ 17:00-23:00

① NIMITR 니밋

137 필라스의 27층에 위치한 파인다이닝. 앤티크한 목재에 인디고 컬러를 매칭해 고풍스러움을 극대화한 실내 좌석, 그리고 방콕의 스카이라인이 한눈에 들어오는 야외 좌석으로 나뉘어 있다. 음식은 유기농 제철 재료를 충분히 활용한 다양한 아시아 푸드를 선보인다. 추천 메뉴는 포멜로 샐러드 & 가리비 Pomelo Salad & Scallops, 새우 샐러드 쁠라 궁 Plah Goong, 수비드 스노우 피시 Sous Vide Snow Fish. 바로 옆, 그리고 위층에 두 곳의 바가 있어 칵테일도 괜찮은 편이다.

INFO

Ⓐ 59/1 Soi Sukhumvit 39(137 필라스(p.123) 내) Ⓖ 13.73752, 100.57237 Ⓣ 02-079-7000
Ⓗ 17:00-23:00 Ⓤ 137pillarsbangkok.com/en/dining/nimitr Ⓜ Map → 3-R16

② Taan Restaurant
탄 레스토랑

현지 로컬과의 긴밀한 협력으로 건강한 식자재를 활용한 현대식 태국 요리를 제공한다. 제철 재료가 주는 영감을 통해 다양한 요리를 개발하고 선보이며 이러한 노력이 차세대 셰프들에게 이어지도록 하는 것이 탄의 목표. 독창적인 모습의 요리에서 느껴지는 친숙한 태국의 맛이 감탄을 불러일으킨다. 음식은 코스로 제공되는데, 여섯 가지 음식이 제공되는 코스와 아홉 가지 음식이 제공되는 코스로 나뉜다. 메뉴판에 적힌 숫자는 산지와의 거리. 코스 메뉴에 곁들이기 좋은 칵테일과 와인 리스트도 충실하다.

INFO

Ⓐ 25th Fl. 865 Rama I Rd(시암@시암(p.127) 내) Ⓖ 13.74734, 100.527 Ⓣ 065-328-7374 Ⓗ 18:00-23:00 Ⓟ 여섯 가지 코스 메뉴 1,500밧, 아홉 가지 코스 메뉴 2,100밧~ Ⓤ taanbangkok.com Ⓜ Map → 6-R1

The Meatchop Butcher & Spirits
더 미트찹 부처 & 스피릿

룸피니 공원 옆, 적당히 묵직한 분위기에서 좋은 퀄리티의 스테이크를 맛볼 수 있는 레스토랑. 립아이, 채끝살, 토시살 등 다양한 부위의 숙성 스테이크를 제공한다. 런치 타임(11:00-16:00)에 방문하면 더욱 합리적인 가격에 즐길 수 있다. 파스타도 수준급. 칵테일과 맥주도 괜찮다.

INFO

Ⓐ 1, 4 Saladaeng Soi 1, Silom(MRT 룸피니역에서 도보 5분)
Ⓖ 13.72703, 100.54176
Ⓣ 02-033-2709 Ⓗ 12:00-23:00 Ⓤ facebook.com/meatchopbkk
Ⓜ Map → 5-R5

Kisso Japanese Restaurant
키소 재패니즈 레스토랑

계절 메뉴를 통해 일본 사계의 본질을 포착하고 소개하는 데 열정을 기울이는 고급 일식당. 사시미와 스시를 비롯해 샤부샤부, 장어덮밥 등 다양한 메뉴를 제공하며, 런치 타임에는 벤토 스타일로 제공되는 정식을 합리적인 가격에 즐길 수 있다. 일요일에 진행되는 런치 뷔페도 추천.

Ⓐ 259 Sukhumvit RdBTS 아속역에서 도보 1분 Ⓖ 13.73824, 100.55951 Ⓣ 02-207-8130 Ⓗ 화-일 12:00-14:30, 18:00-22:30(월 휴무) Ⓤ kissojapaneserestaurant.com Ⓜ Map → 3-R1

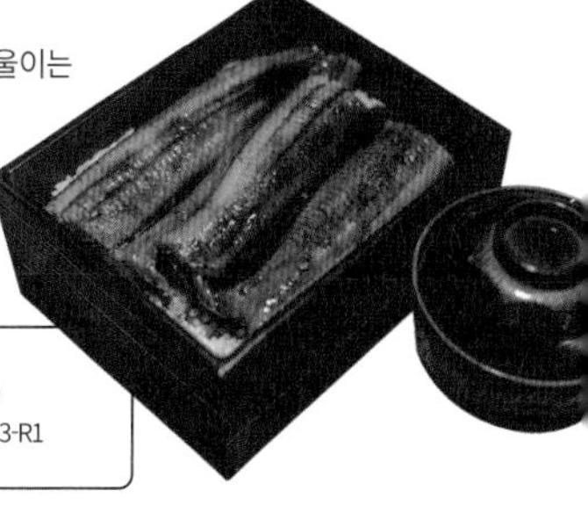

Vegetarian Restaurant
채식 레스토랑 : 나와 지구를 위한 선택

방콕의 길거리를 걷다 보면 유독 '베지테리언', '비건' 등의 문구가 눈에 많이 띈다. '채식주의자를 위한 나라' 랭킹에서 2위를 기록할 정도로 채식 레스토랑이 많은 태국. 다양한 단계의 채식주의자들을 위한 배려와 환경을 생각하는 따스함이 엿보이는 방콕의 초록빛 식탁들을 소개한다.

Broccoli Revolution 브로콜리 레볼루션

Broccoli Revolution
브로콜리 레볼루션

이탈리안부터 태국 요리까지 다양한 메뉴를 선보이는 채식 레스토랑 겸 주스 바. 벽돌과 식물이 적절히 조화를 이루는 따뜻한 분위기의 실내 공간은 그리 넓지 않지만, 천장이 높아 답답함이 없다. 이곳에서 제공하는 음식에는 유기농 채소와 과일 등의 식자재만을 사용하며, 가게 한켠에서 환경을 위한 캠페인을 전시하고 관련 굿즈도 판매한다. 채식주의자는 아니지만, 평소 채식에 관심이 있었다면 부담없이 방문하기 좋은 곳이다.

INFO

Ⓐ 899 Sukhumvit Rd(BTS 통로역에서 도보 5분)
Ⓖ 13.72669, 100.57543 Ⓣ 095-251-9799
Ⓗ 10:00-21:00 Ⓘ @broccolirevolution
Ⓤ broccolirevolution.com Ⓜ Map → 3-R7

Mango Vegetarian & Vegan
망고 베지테리언 & 비건

카오산 로드 근처, 은 도매상이 몰려 있는 거리에 위치한 채식 레스토랑. 태국 전통 음식을 채식으로 맛볼 수 있다. 이곳이 규모에 비해 지금과 같은 인기를 구사할 수 있었던 것은 다름 아닌 '맛'. 신선한 채소, 과일 등의 식자재를 활용해 그 어떤 태국 요리 전문점보다 맛있는 요리를, 합리적인 가격에 제공한다. 그리고 또 하나, 가게 이곳저곳에 '고양이 덕후' 사장이 구조한 여러 마리의 고양이들이 널브러져 있다. 가지 않을 이유가!

INFO

Ⓐ 13 Thanon Tanao, Wat Bowon Niwet(카오산 로드에서 도보 3분)
Ⓖ 13.75963, 100.49932 Ⓣ 093-445-1515 Ⓗ 11:00-21:00
Ⓜ Map → 4-R2

May Veggie Home
메이 베지 홈

2011년 오픈한, 비건 레스토랑. 푼나위티역 근처에 있으며 세련되지는 않았지만, 아늑한 느낌이 드는 공간이다. 타이 푸드부터 재패니즈 스타일, 아메리칸 푸드까지 다국적 요리를 제공한다. 그중 시그니처 메뉴는 다름 아닌 버거. 콩으로 만든 패티가 들어간 버거는 중독성 있는 맛. 똠얌꿍 등의 전통 음식도 인기가 많다. 자인 푸드 Jain Food, 글루텐 프리 푸드 등을 요청하면 그에 맞춰 조리해 주는 서비스도 제공한다.

INFO

Ⓐ 738 Soi Punna Withi(BTS 푼나위티역 도보 10분)
Ⓖ 13.69114, 100.61407 Ⓣ 097-247-6925
Ⓗ 화-일 10:00-21:00(월 휴무) Ⓤ mayveggiehome.com
Ⓜ Map → 8-R3

Khun Churn
쿤천

20년 전 치앙마이에 개업한 채식 레스토랑의 방콕 지점 중 한 곳. 에까마이역과 연결된 방콕 메디플렉스 건물 지하에 있다. 쿤천에서는 다양한 태국 요리를 채식으로 제공한다. 특이한 점은 많은 채식 레스토랑이 '고기'의 형태와 식감을 따라 한 콩 고기를 활용해 요리를 하는 데 반해 이곳은 오로지 채소 본연의 형태와 맛으로 승부한다는 점. 평일 점심시간(11:00-14:30)에 방문하면 저렴한 가격에 플레이트 런치를 맛볼 수 있다.

INFO

Ⓐ G Fl, Bkk Mediplex Bldg, Sukhumvit Soi 42(BTS 에까마이역에서 바로)
Ⓖ 13.71956, 100.58453 Ⓣ 081-660-7031 Ⓗ 10:00-20:30
Ⓤ facebook.com/KhunChurnVeggie Ⓜ Map → 3-R14

VEGANERIE Concept
비거너리 콘셉트

유제품 섭취까지 제한하는 엄격한 채식주의자(비건)을 위한 채식 레스토랑. 비건 가정식에서 출발한 이곳은 '좋은 비건 채식 경험'을 공유하여 채식에 관한 긍정적인 인상을 사회 전반에 심는 것을 목표로 한다. 이곳은 서양 음식과 베이커리류를 메인으로 선보이는데, 조식을 즐기기 위해 찾는 사람이 특히 많다. 크레이프와 팬케이크, 와플, 샐러드볼, 피자 등 다양한 메뉴가 있으며 먹음직한 비주얼에 버금가는 훌륭한 맛을 자랑한다. 현재 방콕에 총 5개 지점이 있다.

INFO

Ⓐ 35 2 Sukhumvit Rd(BTS 프롬퐁역 도보 5분)
Ⓖ 13.72889, 100.56683 Ⓣ 02-258-8489 Ⓗ 09:30-22:00
Ⓤ veganerie.co.th Ⓜ Map → 3-R3

Bar & Pub

바 & 펍 : 잠들지 않는 방콕의 밤

방콕은 세계적으로 손꼽히는 나이트라이프의 성지. 고급 바부터 캐주얼한 맥주 전문점까지 다양한 술집들이 늦은 밤까지 도시 곳곳을 밝힌다. 그중에서도 술 좀 한다면 그냥 지나치기 아쉬운 곳들을 고르고 골라 소개한다.

1 Iron Balls Parlour & Saloon

아이언 볼스 팔러 & 설룬

천장을 가득 채운 빈 증류 용기와 진 병이 마치 파도의 거품 아래 갇힌 느낌이 드는, 비밀스러운 느낌의 바. 이곳에서는 에까마이에 위치한 증류소 'IRON BALLS DISTILLERY'에서 직접 생산한 여러 종류의 진을 선보인다. 토닉 워터의 종류도 다양해 진토닉으로도 즐길 수 있다. 진에 대해 잘 모른다며 바 석에 앉아 바텐더에게 추천받을 것!

INFO

Ⓐ Soi Sukhumvit 45(BTS 프롬퐁역에서 도보 5분)
Ⓖ 13.72815, 100.57343 Ⓣ 094-894-8095
Ⓗ 화-토 18:00-2:30, 일-월 18:00-01:00 Ⓘ @ironballsparlour
Ⓤ ironballsparlour.com Ⓜ Map → 3-B10

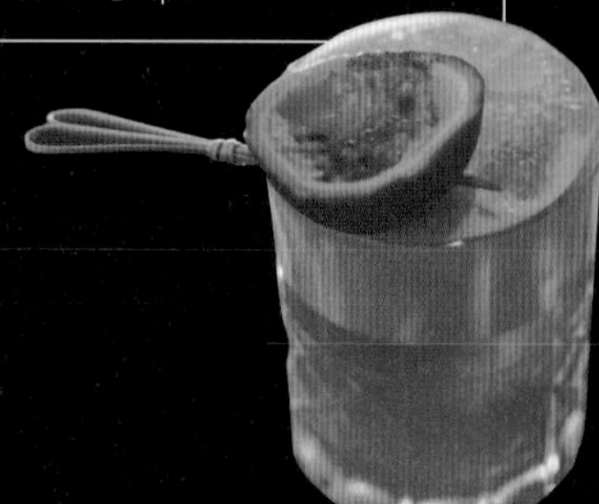

Iron Balls Parlour & Saloon 아이언 볼스 팔러 & 설룬

Burapa Eastern Thai Cuisine & Bar
부라파 이스턴 타이 퀴진 & 바

소이 11은 늦은 밤까지 시끄러운 음악과 인파로 넘실댄다. 이 거리를 따라 걷다 보면 거의 끝자락에 부라파가 있다. 가게의 문을 여는 순간 이 세상이 멈춘 듯한 고요함과 차분함이 반겨준다. 1층에는 바 석이, 2층과 3층은 특이하게도 고풍스러운 기차 내부 모양으로 꾸며져 있다. 칵테일도 훌륭하지만 식사하러 오기도 괜찮은 곳.

INFO

Ⓐ 26 Soi Sukhumvit 11(BTS 나나역에서 도보 7분)
Ⓖ 13.74468, 100.55691 Ⓣ 02-012-1423 Ⓤ 화-일 12:00-15:00, 17:00-23:30(월 휴무) Ⓘ @burapa_eastern_thai Ⓜ Map → 3-B1

Rabbit Hole
래빗 홀

통로 메인 길에 위치한 스피크이지 바. 아이누 바 AINU bar와 라멘 아지사이 Ramen Ajisai 사이에 커다란 목재 문이 래빗 홀로 들어가는 입구이다. 찾기 쉬운 곳은 아니지만 '2019 아시아 베스트 바 50' 어워드에서 34위에 랭크인 했을 정도로 유명세를 떨치고 있는 곳이다. 총 아홉 페이지에 달하는 칵테일 메뉴를 제공하는데, 특이하게도 몇 가지 클래식한 칵테일을 제외하고는 오리지널 칵테일을 선보인다.

Ⓐ 125 Sukhumvit 55(BTS 통로역에서 도보 10분)
Ⓖ 13.72986, 100.58107 Ⓣ 098-532-3500 Ⓗ 19:00-02:00
Ⓤ rabbitholebkk.com Ⓜ Map → 3-B12

Shades of Retro
셰이즈 오브 레트로

방콕의 대표 나이트라이프 에어리어 통로. 수많은 바가 생기고 사라지고를 반복하는 사이, 10여 년간 한 자리를 지키고 있는 곳이 있다. 바로 정겨운 분위기에 레트로한 매력을 한 스푼 더한 '셰이즈 오브 레트로'다. 첫 시작은 빈티지 가구점이었으나, 현재는 커피숍, 바까지 사업 영역을 확장했다. 방콕 로컬들의 사랑방. 통로의 화려한 바도 좋지만, 사람 냄새 나는 술집을 경험하고 싶다면 이곳이다.

INFO

Ⓐ 808/12 Thara Rom 2 Alley(BTS 통로역에서 오토바이 택시로 6분)
Ⓖ 13.73675, 100.5844 Ⓣ 063-354-4946 Ⓗ 20:00-24:00
Ⓘ @shadesofretro Ⓜ Map → 3-B13

5 Brewski
브루스키

매디슨 블루 플라자 방콕의 30층에 위치한 루프톱 비어가든. 공간 중앙에 위치한 바에서 열두 가지의 탭 맥주를 시음 및 주문할 수 있으며 100여 종의 병맥주도 구비하고 있어 더욱 캐주얼하게 즐길 수도 있다. 탭 맥주 주문 시 작은 잔과 큰 잔 중 선택할 수 있다. 맥주에 곁들이기 좋은 다양한 안주 메뉴도 제공한다.

INFO

Ⓐ 489 Sukhumvit Rd(BTS 아속역에서 도보 6분) Ⓖ 13.73531, 100.56409
Ⓣ 02-302-3333 Ⓗ 월-토 17:00-01:00, 일 17:00-24:00 Ⓘ @brewskibkk
Ⓜ Map → 3-B4

6 BARBON
바본

짜오프라야 강변에 위치한 호스텔 URBY에서 운영하는 바. 실내 공간도 있지만, 이곳을 찾는 사람 대부분은 바깥 테라스에 자리를 잡는다. 특히 테라스의 좌식 좌석은 인기 폭발! 난간쪽 바 석에서는 짜오프라야 강변의 야경을 여유롭게 감상하며 한잔하기 좋다.

INFO

Ⓐ 1222/1 Songward Rd(MRT 왓 망껀역에서 도보 8분)
Ⓖ 13.73807, 100.50706 Ⓣ 092-249-7261 Ⓗ 화-일 12:00-00:00(월 휴무)
Ⓘ @barbonbkk Ⓜ Map → 4-B2

7 Dumbo
덤보

1층에 티 버스 Tea Bus라는 가게 안으로 들어가면 그 안쪽으로 덤보까지 올라가는 계단이 이어진다. 엘리베이터가 없어 6층까지 걸어서 올라가야 하지만 그만한 가치는 충분하다. 다른 루프톱 바에 비해 낮은 곳에 위치하지만 주변에 시야를 가리는 건물이 없어 개방감이 좋고, 레트로 감성이 물씬 풍기는 인테리어가 매력적이다. 메인은 칵테일로, 덤보 오리지널 칵테일을 맛보길 추천한다. 간혹 재즈 공연이 펼쳐지기도 하니 미리 SNS를 체크할 것!

INFO

Ⓐ 6th Fl(Rooftop), INN-Office Building, 490/5 Phahonyothin Rd(BTS 사판 콰이 Saphan Khwai역에서 도보 7분) Ⓖ 13.78866, 100.54799 Ⓣ 094-963-6469
Ⓗ 18:00-24:00 Ⓘ @dumbobangkok Ⓤ facebook.com/dumbo.bangkok/
Ⓜ Map → 7-B1

8 Beer Collection
비어 컬렉션

수쿰빗 남쪽 끝, 작은 쇼핑몰 케이 빌리지 내에 위치한 맥주 전문점. 가게에 들어서면 국가별로 잘 정렬된 맥주 리스트르 건네준다. 생맥주 탭은 몇 개 없지만, 병맥주 리스트는 200여 가지로 끝이 보이지 않는다. 맥주별로 상세한 설명, 그리고 알코올 도수가 적혀 있어 취향, 주량에 맞춰 고르면 된다. 주문하면 해당 맥주 전용 잔에 따라주는 센스까지! 밤이면 가게 한켠에서 작은 공연이 열리기도 한다.

INFO

Ⓐ K Village Shopping Mall #B102, 93-95 Soi Sukhumvit 26(BTS 프롬퐁역에서 오토바이 택시로 4분) Ⓖ 13.72083, 100.56896 Ⓣ 092-551-2088 Ⓗ 월-목 15:00-00:00, 토-일 11:00-24:00 Ⓘ @beercollectionbkk Ⓜ Map → 3-B9

Music Bar
뮤직바 : 술에 취해, 음악에 취해

방콕에는 유독 수준 높은 재즈바, 뮤직바가 많다. 무료로 듣는 것이 미안해질 정도로 훌륭한 연주를 듣고 있자면 부끄러움도 잠시, 내면의 흥이 끓어오른다. 술을 못 마셔서 가기 꺼려진다고? 괜찮다. 목테일이나 주스를 주문해 음악에 취하면 되니까!

② Flamenco
플라멩코

엠쿼티어 9층에 위치한 재즈바 & 시가 바. 내부로 들어가는 순간 높은 천장과 넓은 실내 공간에 탄성이 절로 난다. 붉은 조명과 실내 중앙의 거대한 라이브 무대, 한쪽 벽면 가득 화려한 네온사인 등 라틴을 연상시키는 요소들이 공간을 가득 채우고 있다. 1층 한켠의 독립 공간에 시가 바가 있으며, 로프트 위층에는 위스키만 전문으로 다루는 바가, 그리고 바깥 쪽으로 방콕 시내를 내려다볼 수 있는 야외석이 있다. 라이브 무대 옆 메인 바에서는 다양한 장르의 칵테일을 즐길 수 있으며 디너 메뉴도 훌륭하다. 재즈 공연 스케줄은 SNS를 통해 확인할 수 있다.

INFO

Ⓐ 9th Floor, Building A, Em Quartier(엠쿼티어 9층)
Ⓖ 13.73117, 100.56899
Ⓣ 02-003-6006 Ⓗ 수-목 19:00-02:00, 금-토 19:00-03:00(일-화 휴무)
Ⓘ @flamencobangkok Ⓜ Map → 3-B7

① Saxophone Pub
색소폰 펍

전승기념탑 근처에 위치한, 방콕 3대 재즈 펍 중 한 곳이다. 너무 유명해 갈지 말지 고민이 될 정도였는데, 가길 잘했다. 공연이 시작되는 저녁 7시 반이 가까워질수록 인산인해, 실내가 후끈 달아오른다. 좁은 공간에 인구밀도는 최고가 되지만, 옹기종기 둘러앉아 공연을 보는 맛은 이곳만 한 곳이 없다. 느긋하게 식사하며 공연을 즐기는 것도 좋지만, 대부분은 간단히 맥주 한잔하며 하루의 피로를 푼다.

INFO

Ⓐ 3, 8 Ratchawithi 11 Alley(BTS 빅토리 모뉴먼트역에서 도보 2분)
Ⓖ 13.76367, 100.53806 Ⓣ 02-246-5472 Ⓗ 18:00-02:00(공연 19:30-01:30)
Ⓤ saxophonepub.com Ⓜ Map → 7-B2

Best Nightlife Area

최고의 나이트라이프 에어리어를 찾아라!

01
THEME
Best Nightlife Area

나이트라이프의 성지 방콕! 그중 베스트 에어리어는 과거도, 현재도 여전히 통로이다. 하지만 최근 통로의 고급 바들과는 다른 매력으로 주목받고 있는 곳들이 있다. 바로 타이-차이나 느낌이 제대로 살아 있는 소이 나나와 불량식품 같은 매력의 랏차다 롯파이 야시장이다!

ซอย นานา
Soi Nana

소이 나나
차이나타운 메인 거리 동쪽 끝에서 도보로 3분, 작은 골목들이 거미줄처럼 엉겨 있는 '나나 Nana'라는 거리가 밤만 되면 들썩인다. 과거 약재상 등으로 사용되던 오래된 건물을 저마다의 콘셉트로 리뉴얼한 바들이 골목마다 옹기종기 모여 있어 바 호핑에 이만한 곳이 없다.

Wallflowers Upstairs
월플라워스 업스테어스

바로 옆 월플라워스 카페에서 함께 운영하는 바. 고풍스러운 실내 좌석도 좋지만, 루프톱 바에 앉을 것을 추천한다. 꽃으로 예쁘게 꾸며주는 칵테일은 보는 것만으로 행복해진다.

Ⓐ 37 39-41 Soi Ram Maitri Ⓖ 13.73985, 100.51417
Ⓣ 094-671-4433 Ⓗ 17:30-01:00
Ⓘ @wallflowerscafe.th Ⓜ Map → 4-B5

Ba hao
八號 바 하오

방콕 차이나타운의 70년대 모습을 반영한 바. 중화 요리는 물론 '아편 Opium'과 같이 조금은 자극적인 이름의 오리지널 칵테일을 맛볼 수 있다.

Ⓐ 8 soi Nana (Chinatown) Ⓖ 13.74031, 100.51406
Ⓣ 062-464-5468 Ⓗ 17:00-24:00 Ⓤ ba-hao.com
Ⓜ Map → 4-B3

TEP Bar
텝 바

소이 나나의 복잡한 골목 중에서도 깊숙한 곳, 비밀스럽게 숨어 있는 바. 태국을 모티브로 한 오리지널 칵테일을 맛볼 수 있으며, 태국 전통 음악을 라이브로 들을 수 있다.

Ⓐ 69, 71 Soi Yi Sip Song Karakadakhom 4
Ⓖ 13.73963, 100.51442 Ⓣ 098-467-2944
Ⓗ 월-금 18:00-01:00, 토-일 17:00-24:00
Ⓘ @tep_bar Ⓜ Map → 4-B6

랏차다 롯파이 야시장
방콕의 수많은 야시장 중 핵심으로 손꼽히는 랏차다 롯파이 야시장. 사실 이곳은 쇼핑보다는 시장 음식을 맛보고, 젊은 방콕커들과 어울려 맥주 한잔 하기 딱 좋은 곳이다. 펍 밀집 지역은 랏차다 롯파이 야시장 입구에서 안쪽 끝까지 들어가면 나온다.

Ⓐ Din Daeng(MTR 태국 문화센터 Thailand Cultural Centre역) Ⓖ 13.76688, 100.56866
Ⓗ 17:00-01:00 Ⓜ Map → 7-S5

a **어디서 마실까?**
2층 높이의 펍이 줄지어 서 있고, 여기저기서 신나는 디제잉 소리가 들려온다. 처음 방문하면 다 비슷해 보여서 어디로 갈지 고민이 될 것. 음악이 중요하다면, 1층에서 디제잉을 들어보고 선택하면 되고, 2층에서 마실 예정이라면 사실 어디로 가든 상관 없다.

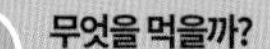

b **무엇을 먹을까?**
랏차다 롯파이 야시장에 있는 펍에선 보통 술만 팔고, 음식은 팔지 않는다. 출출하다면 시장에서 먼저 식사를 한 후 한잔하러 가거나, 먹고 싶은 음식을 포장해 펍에서 먹어도 된다.

c **무엇을 마실까?**
거의 모든 펍이 맥주를 메인으로 판매한다. 가끔 칵테일을 파는 곳도 있긴 하지만, 전문적인 느낌은 적다. 만약 맥주로는 영 알코올이 충족되지 않는다면 태국의 국민 양주 '쌩쏨 SangSom'에 도전해 볼 것. 40도나 되는 럼이기 때문에 스트레이트로 마시기는 힘들고, 싱하 소다와 얼음을 주문해 섞어 먹는 것이 좋다.

TEENS OF THAILAND
틴즈 오브 타이랜드

입구에 다닥다닥 붙어 있는 스티커들이 눈길을 끄는 바. 내부가 좁아 자연스럽게 합석하게 되지만, 그만큼 분위기는 좋다. 진 베이스의 칵테일이 주를 이룬다.

Ⓐ 76 soi Nana(Rammaitree) Ⓖ 13.73994, 100.51403
Ⓣ 096-846-0506 Ⓗ 18:00-01:00
Ⓘ @teens_of_thailand Ⓜ Map → 4-B4

Best Location Bars

훌쩍 들르기 좋은 바

02 THEME — Best Location Bars

방콕에는 정말 많은 바가 있는데, 사실 가장 좋은 바는 내 이동 동선 안에 있는 바다. 잠들기 전에 한잔하기 좋은 호텔의 루프톱 바부터 쇼핑몰 안의 바까지 접근성이 좋은 다섯 곳을 소개한다.

Escape 이스케이프

[엠쿼티어 5층]

엘리베이터에서 내려 입구로 들어서면 오른편에는 맥주와 타파스를 파는 존이, 왼편에는 메인 바가 보인다. 살랑살랑 부는 바람과 메인 바 옆 DJ 부스에서 흘러나오는 하우스 뮤직, 그리고 핑크빛 조명이 이곳만의 독특한 분위기를 자아내, 최근 젊은 방콕커들에게 큰 인기를 얻고 있다. 메인 바 뒤쪽으로 프라이빗한 모임에 어울리는 실내 좌석도 있다. 드링크 메뉴는 물론 디너 메뉴도 충실해 한 끼 식사를 즐기기에도 충분하다.

Ⓐ The Emquatier, Building B, 5th Fl, 693-695 Sukhumvit Rd
Ⓖ 13.73106, 100.5697
Ⓣ 02-003-6000 Ⓗ 17:00- 24:30
Ⓘ @escapebangkok
Ⓤ escape-bangkok.com
Ⓜ Map → 3-B8

Spectrum Lounge & Bar 스펙트럼 라운지 & 바

[하얏트 리젠시 방콕 수쿰빗 29, 30층]

29층은 재즈 바로, 하늘색 벨벳 카펫에 황금색 천장, 그리고 어두운 톤의 목재 가구를 배치해 고급스러움을 배가시켰다. 계단을 따라 루프톱에 오르면 스펙트럼의 180도 다른 매력을 즐길 수 있다. 별가루를 뿌린 듯 반짝이는 방콕 시내의 야경이 사방으로 펼쳐지고, 루프톱 한쪽에서는 화려한 디제잉 무대가 흥을 끌어낸다. 이토록 매력적인 공간 구성에 가격마저 합리적이니 마다할 이유가. 투숙객이면 무조건, 투숙하지 않더라도 나나역을 지난다면 꼭 한 번 들러보길 추천한다.

Ⓐ 1, Sukhumvit Soi 13 Ⓖ 13.73969, 100.5569
Ⓣ 02-098-1234 Ⓗ 17:30-02:00
Ⓘ @spectrumrooftopbkk Ⓜ Map → 3-B2

Abar Rooftop 에이 바 루프톱
[방콕 메리어트 마르퀴스 퀸즈 파크 38층]

아시아 퓨전 푸드 레스토랑, 에이 바. 내부의 계단을 따라 한 층 더 올라가면 루프톱 바가 나온다. 테이블과 테이블 사이를 화분으로 공간 분리해 프라이빗한 느낌을 살렸다. 덕분에 다른 루프톱 바들과는 다르게 아늑한 느낌이 인상적. 게다가 테이블당 메인 소파 쪽으로 에어컨이 설치되어 있어 야외임에도 시원하다. 주변에 이곳보다 높은 건물이 거의 없어 개방감 또한 만점이다. 차분한 분위기 속에서 느긋하게 한잔하며 이야기 나누기에 최적이다. 음료는 진 Gin이 메인이다.

Ⓐ 199 Soi Sukhumvit 22 Ⓖ 13.73029, 100.56548
Ⓣ 02-059-5926 Ⓗ 17:00-01:00
Ⓘ @abar_abarrooftop Ⓜ Map → 3-B6

Axis & Spin 아시스 & 스핀
[더 컨티넨트 호텔 38층]

방콕의 아름다운 야경을 푹신한 소파에 푸욱 눌러 앉아 감상하기 좋은 곳이다. 실내지만 공간의 두 면이 전면 유리로 되어 있어 루프톱 바로 착각할 만큼 개방감이 좋다. 고급스러운 인테리어, 그리고 기억에 남는 친절함. 디너 메뉴도 훌륭하므로 식사도 함께할 것을 추천한다. 위층에 루프톱 바, 방콕 하이츠 Bangkok Heightz가 있다.

Ⓐ 413 Sukhumvit Rd Ⓖ 13.73612, 100.56215
Ⓣ 02-686-7000 Ⓗ 17:00-24:00(해피아워 17:00-20:00)
Ⓤ facebook.com/AxisandSpinBangkok Ⓜ Map → 3-B3

Siwilai City Club 시위라이 시티 클럽
[센트럴 엠버시 5층]

방콕의 중심에서 고층 건물에 둘러싸여 화려한 밤을 즐길 수 있는 곳이다. 차분한 실내를 지나면 나오는 테라스는 밝은 톤의 목재 가구와 화이트톤의 패브릭으로 깔끔하게 꾸며져 있으며, 곳곳에 파빌리온이 놓여 있어 휴양지 느낌이 물씬 난다. 칵테일도 맛있지만 디너 메뉴도 괜찮은 편. 쇼핑하고 잠시 들러 식사하며 한잔하기 제격이다.

Ⓐ 1031 Phloen Chit Rd Ⓖ 13.74387, 100.54716
Ⓣ 02-160-5631 Ⓗ 11:00-23:00
Ⓤ siwilaibkk.com Ⓜ Map → 6-B1

LIFESTYLE & SHOPPING

방콕커들의 라이프스타일을 엿볼 수 있는 복합 문화 공간과 셀렉트 숍은 물론,
방콕 쇼핑의 바이블과도 같은 시장, 마트, 시암 쇼핑센터 정보까지 꼼꼼히 담았다.
나만의 방콕을 추억할 기념품을 찾아서 출발!

ChangChui Creative Park 창추이 창의 공원

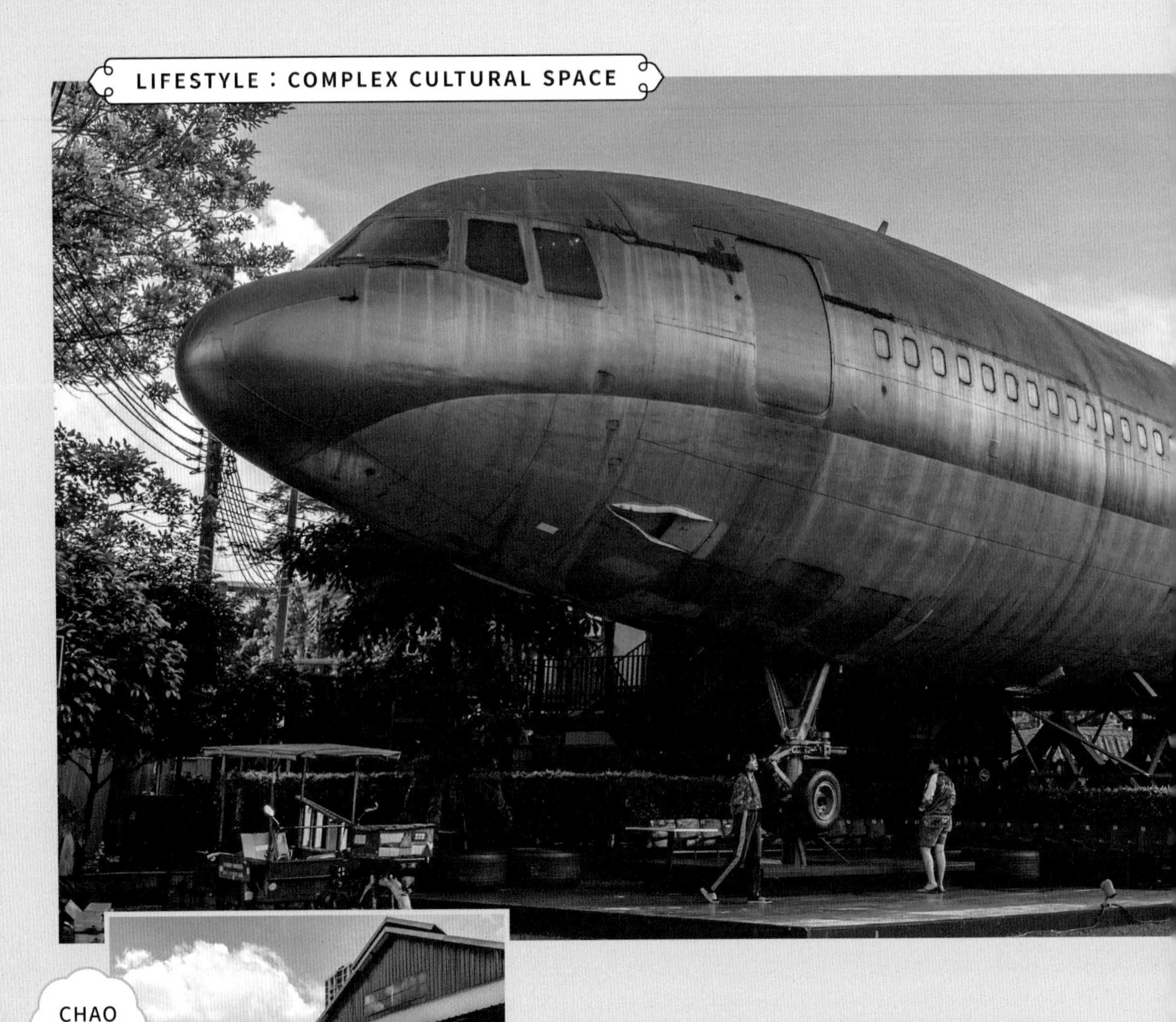

CHAO PHRAYA

1. 방콕을 넘어 태국을 대표하는 건축가 두앙릿 분낙 Duangrit Bunnag이 설계한 복합 문화 공간. 그의 건축 사무실이 있는 곳이기도 하다. 폐공장이었던 곳이 2년에 걸친 리노베이션을 통해 서브컬쳐에 관심이 있는 젊은이들이 모일 수 있는 곳으로 재탄생했다. 부지 내 중앙에 서 있는 거대한 보리수가 마치 모든 공간을 껴안 듯 자라 있고, 이 나무를 중심으로 인테리어 쇼룸 '애니룸 anyroom'과 갤러리, 서점 '캔디드 Candide' 등이 들어서 있다. 뒤쪽 강변가에 타이 퀴진을 맛볼 수 있는 레스토랑 더 네버 엔딩 썸머(p.078)가 있다. 플리 마켓과 같은 부대 행사가 열리기도 하니 방문 전 SNS를 체크할 것.

2. 두앙릿 분낙이 더 잼 팩토리 완공 2년 후 강 건너편 차런끄룽 지역에 오픈한 또 다른 복합 문화 공간. 별 매력 없던 오래되고 낡은 차런끄룽 지역이 TCDC(p.061)와 웨어하우스 30, 그리고 강 건너의 더 잼 팩토리 덕분에 아트 허브로 성장하였다. 웨어하우스 30은 제2차 세계 대전 당시 사용되었던 폐창고를 활용했으며, 더 잼 팩토리와 같은 접근 방식으로 리노베이션을 진행해 상당히 닮은 인상이다. 4,000㎡의 널찍한 내부가 7개 동으로 나뉘어 있으며, 내부에는 셀렉트 숍과 카페, 가구 쇼룸, 서점 등이 들어서 있다.

1 Warehouse 30
웨어하우스 30

Ⓐ 52 60 Captain Bush Ln(티시디시에서 도보 6분)
Ⓖ 13.72807, 100.51474 Ⓗ 09:00-18:00(매장별 상이)
Ⓤ facebook.com/TheWarehouse30 Ⓜ Map → 5-S3

COMPLEX CULTURAL SPACE

지역 커뮤니티와 예술을 만나다, 복합 문화 공간

태국은 예로부터 지역의 '커뮤니티' 개념을 소중히 하고 공동체 사회가 함께 발전하는 바를 지향해 왔다. 이러한 의식이 오늘날 복합 문화 공간으로서 형상화된 것. 방콕 곳곳에서 만날 수 있는 복합 문화 공간을 둘러보며 방콕의 발달한 공동체 문화를 엿보자.

ChangChui Creative Park 창추이 창의 공원

2 **ChangChui Creative Park**
창추이 창의 공원

Ⓐ 460/8 Sirindhorn Rd(도심에서 차량으로 30~40분)
Ⓖ 13.7892, 100.47053 Ⓣ 081-817-2888 Ⓗ 11:00-23:00(매장별 상이)
Ⓤ changchuibangkok.com Ⓜ Map → 2-S1

3. 도심에서 북서쪽, 마땅한 대중교통이 없어 택시를 타고 30~40분 정도 이동해야 하는 복합 문화 공간이다. 넓은 공원 부지 안에 18개의 개별 건물들이 들어서 있는데, 창추이의 심볼과도 같은 비행기를 포함해 모두 재사용 자재를 활용했다.
각 건물들은 창작자에게 대여한다. 상설 숍들은 물론 공간 곳곳에서 전시가 열리며, 저녁이면 플리 마켓이 들어선다. 젊은 방콕커들이 찾는 힙 플레이스이자 방콕의 예술을 만나고 창의적인 아이템들을 쇼핑할 수 있어, 멀지만 꼭 한 번 가 볼 것을 추천한다. 간다면 오후에 갈 것!

BANG NA

4. 방나 지구의 핫플레이스. 지역 커뮤니티를 위한 '공공의 공원'이 되는 것을 목적으로 하는 공간이다. 안전한 먹거리에 관한 아이디어를 공유할 수 있는 팜-투-테이블 레스토랑을 비롯해 잡지사에서 운영하는 서점, 시민들이 자유롭게 이용할 수 있는 피트니스 센터 등이 한데 어우러져 있다. 꽤 짧은 주기로 다양한 이벤트와 플리마켓이 진행하니 방문 전 SNS를 통한 스케줄 체크는 필수. BTS 방나 Bang Na역에서 내려 택시를 타고 이동해야 한다.

3 **DADFA Art Market**
닷파 아트 마켓

Ⓐ Soi Sukhumvit 105(BTS 방나역에서 택시로 7분) Ⓖ 13.66292, 100.61802
Ⓣ 02-749-3399 Ⓗ 10:00-22:00(매장별 상이)
Ⓤ facebook.com/DadfaBangkok Ⓜ Map → 8-S4

KHAOSAN

something about us.
썸띵 어바웃 어스

LIFESTYLE : SELECT SHOP

카오산 로드에서 걸어서 5분 거리에 위치한 아담한 셀렉트 숍. 화이트 톤의 사랑스러운 실내에 심플한 디자인의 의류와 소품, 액세서리 등이 정갈하게 진열되어 있다. 모두 오너가 자신의 취향에 맞춰 하나하나 셀렉한 제품들이라고. 공식 휴일은 매주 월요일이지만, 매달 초 SNS를 통해 그달의 영업일 캘린더를 업로드하니 방문 전 확인하자.

Ⓐ 101 Phra Sumen Rd(카오산 로드에서 도보 5분) Ⓖ 13.7625, 100.49785
Ⓣ 093-120-4189 Ⓗ 수-일 11:00-19:00(월-화 휴무)
Ⓘ @something_aboutus_ Ⓜ Map → 4-S1

something about us. 썸띵 어바웃 어스

THONGLOR

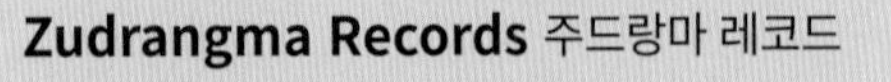

Zudrangma Records 주드랑마 레코드

통로의 소이 51에 위치한 자그마한 레코드 숍. 민트색 간판 아래 유리문을 밀고 안으로 들어서면 빼곡히 차 있는 레코드들이 맞이해 준다. 태국뿐만 아니라 전 세계, 그리고 다양한 시대의 음반을 보유하고 있으며 장르별로 구분되어 있어 원하는 판을 찾기 수월하다. 가게 내부에 시청용 턴테이블이 있어 직접 들어고 구입할 수 있다. 2층에 빈티지 의류, 소품을 판매하는 숍 로스트 & 파운드 Lost & Found(월~수요일 휴무)가 있으니 함께 들러보자.

Ⓐ 7/1 Sukhumvit soi 51(BTS 통로역에서 도보 4분) Ⓖ13.72659, 100.57636
Ⓣ 083-063-1335 Ⓗ 수-일 12:00-20:00(월-화 휴무)
Ⓤ zudrangmarecords.com Ⓜ Map → 3-S8

PRONTO 프론토

방콕을 비롯해 치앙마이까지 총 14개의 지점을 둔 태국 대표 데님 셀렉트 숍. 확고한 매니아 층을 노린 유명 데님 브랜드부터 스트릿 브랜드까지 다양하게 취급한다. 유니언 스페셜 43200G 재봉틀을 소유하고 있어 체인스티치로 밑단을 재봉한 청바지의 수선도 가능. 아시아 지역에서도 손꼽히는 데님 페스티벌 '프론토 데님 카니발'을 홀수 연도마다 개최하고 있다.

Ⓐ 230 Siam Square Soi 2(BTS 시암역에서 도보 2분) Ⓖ 13.74536, 100.53204
Ⓣ 02-251-7448 Ⓗ 월-금 10:00-21:00, 토-일 11:00-21:00 Ⓘ @prontodenim
Ⓤ prontodenim.com Ⓜ Map → 6-S3

Select Shop

취향 저격 방콕, 셀렉트 숍

방콕 쇼핑은 백화점이나 시장, 마트 쇼핑이 전부인 듯한 이미지가 있지만, 방콕에도 꽤 괜찮은 셀렉트 숍들이 있다. 다른 대도시들에 비해 그 수가 많다고 할 수 없지만, 오너의 확고한 취향과 집요함으로 일구어낸 완벽한 제품 라인업은 당신의 지갑을 열게 할 것이다.

CARNIVAL 카니발

운동화를 메인으로 한 스포츠 & 스트릿 브랜드 편집숍. 50여 브랜드 제품을 취급하며 유명 브랜드들과 협업한 컬래버레이션 제품들을 선보이기도 한다. 진열 상품에 있는 QR 코드를 이용하면 지점별 사이즈별 재고 상황을 한눈에 볼 수 있다. 방콕에 총 4개 매장이 있는데 시암 센트럴 월드와 소이 7에 있는 매장이 접근성이 좋아 추천한다.

Ⓐ 428 Siam Square Soi 7(BTS 시암역에서 도보 3분) Ⓖ 13.74425, 100.53226 Ⓣ 081-173-4560
Ⓗ 11:00-21:00 Ⓘ @carnivalbk Ⓤ carnivalbkk.com Ⓜ Map → 6-S4

LIFESTYLE THEME 01

Spa & Skincare Brand

자극 없이, 순한 스파 & 스킨케어 브랜드

스파 천국 태국. 유명 스파뿐만 아니라 각종 오리지널 브랜드들이 저마다의 스파 & 스킨케어 제품들을 개발하여 선보이고 있다. 이러한 제품들은 대부분이 '오가닉, 내추럴'을 수식어로 내세우며 순한 성분을 자랑한다. 자극 없이 피부를, 인위적이지 않은 향으로 마음에 평온을 선사할 태국의 추천 스파 & 스킨케어 브랜드를 소개한다.

RECOMMEND

KARMAKAMET Diner
카르마카멧 다이너

벤차시리 공원과 엠포리움 백화점 사잇길로 걸어가면 만날 수 있는 숍 & 레스토랑. 느긋하게 둘러보고 차 한잔하고 가기 딱이다.

Ⓐ 30/1 Soi Metheenivet(BTS 프롬퐁역에서 도보 4분)
Ⓖ 13.72907, 100.56801 Ⓗ 10:00-23:30
Ⓤ karmakametdiner.com
Ⓜ Map → 3-S3

KARMAKAMET 아로마 글래스 캔들

KARMAKAMET
카르마카멧

'향 연구가 The Realm of Scentlogist'라는 별명을 가진 창업자가 아시아에서 엄선한 재료만을 사용해 만들어낸 태국발 아로마 브랜드. 1971년부터 그 역사를 이어오고 있으며, 좋은 재료의 장점을 최대한으로 끌어내기 위한 유출법과 조향법을 끊임없이 연구하고 있다. 개인의 공간을 취향에 맞는 향으로 가득 채울 수 있는 다양한 홈 프레그런스 Home Fragrance 제품을 메인으로, 아로마 오일, 스프레이 향수, 고체 향수, 립밤 등의 라인업도 충실하다. 고급스러우면서도 자연스러운 향이 매력적. 태국의 스파나 호텔에서 맡던 향긋한 향을 추억하고 싶다면 카르마카멧만 한 제품이 없다.

Ⓐ 호텔리버사이드점, 센트럴월드점, 스쿰빗역점, 시암스퀘어점, 센트럴페스티발이스트빌점, 101트루디지털공원점 등(홈페이지 참고)
Ⓗ karmakamet.co.th/en

Patom Organic Living
빠톰 오가닉 리빙

Patom 허벌 풋 배스

직접 키운 원료로 제작한 오가닉 스파 & 배스 제품, 그리고 먹거리를 소개하는 곳이다. 카페로 유명세를 얻었지만, 사실 메인은 스파 제품. 품질 대비 가격이 저렴해 기념품이나 선물용으로 추천한다. 심플한 패키지의 제품들은 모두 직접 사용해 보고 구입할 수 있다.

Ⓐ 9, 2 Soi Phrom Phak(BTS 통로역에서 오토바이 택시로 7분)
Ⓖ 13.73855, 100.57911 Ⓣ 02-084-8649 Ⓗ 09:00-19:00
Ⓘ @patom_organic_living Ⓜ Map → 3-S7

THLOS 탈로스

THLOS 아이젤

태국인 남매가 2010년 문을 연 스킨 케어 브랜드. 브랜드명은 '시암(태국의 옛 국명)의 약초 치료법'이라는 뜻의 '더 허벌 로어 오브 시암 The Herbal Lore of Sima'에서 앞 글자를 떼 온 것이라고. 태국 전통 의료 전문가인 오빠가 모든 제품의 레시피를 감수하고 있다. 스킨케어 제품을 비롯해 헤어와 보디 케어 제품, 캔들, 그리고 유기농 코코넛 슈거를 판매하고 있다. 수많은 제품 중 THLOS의 첫 작품인 '간지러움 방지 로션 Anti-Itch Lotion'을 추천한다.

Ⓤ thlos.com

RECOMMEND

THLOS Skin care & Kitchen
탈로스 스킨 케어 & 키친

녹음이 짙은 작은 정원 안에 카페, 주스 바, 숍 등이 옹기종기 모여 있는 '더 66 코티지 The 66 Cottage'라고 하는 커뮤니티 몰 내에 있다

Ⓐ 66 Sukhumvit Rd, Bangna(BTS 우돔 숙 Udom Suk역에서 도보 5분)
Ⓖ 13.68246, 100.60902 Ⓣ 085-819-9003
Ⓗ 화-토 09:30-18:00, 일 10:30-18:30(월 휴무) Ⓜ Map → 8-S3

카오산 로드에서 걸어서 5분 거리에 위치한 아담한 셀렉트 숍

HARNN 한

세계 유수의 내추럴 브랜드. 자연에서 얻은 식물의 효능을 최대한으로 살리는 것에 중점을 두며, 현대인들의 생활에 자연의 밸런스를 맞추는 매개체 역할을 한다. 방콕의 어느 백화점에 가든 매장을 쉽게 찾을 수 있을 정도로 인기가 많다. 뿐만 아니라 2014년에는 '월드 럭셔리 스파 어워드'를 수상하며 세계적으로도 이름을 알렸으며, 방콕을 비롯해 해외의 호텔 어메니티로도 사랑받고 있다. 가장 유명한 비누 제품을 비롯해 보디, 헤어 케어 제품 등 다양한 종류의 제품을 선보인다.

Ⓐ 엠쿼티어 1층, 센트럴 월드 3층, 시암 파라곤 숍인숍, 시암 파라곤 콘셉 스토어
Ⓤ harnn.com

THANN 탄

'자연과 공생하는 모던한 라이프스타일'을 표방하는 내추럴 스킨케어 브랜드. 한 HARNN의 자매 브랜드이기도 하다. 최신의 피부과학과 아로마테라피 기술을 기반으로 식물을 원료로 한 제품을 개발한다. 태국산 레몬그라스와 카피르 라임을 비롯해 세계 각지에서 엄선한 식물에서 에센셜 오일을 추출, 고유의 방식으로 블렌드해 만들어낸 개성적인 향이 매력적이다. 태국을 대표하는 스파 브랜드로 손꼽히며, 현재 아시아 지역을 넘어서 북미, 유럽 등지에 약 80여 곳의 직영 점포를 가지고 있다.

Ⓐ 시암 파라곤 1, 4층, 시암 디스커버리 3층, 아이콘 시암 4층, 엠포리움 5층, 시암 센터 3층, 센트럴 월드 2층, 게이손 3층
Ⓤ thann.info

PAÑPURI 판퓨리

2003년 탄생한 럭셔리 내추럴 스킨케어 브랜드로, 진정한 아름다움과 여유로운 라이프스타일을 제안하는 메시지를 담고 있다. 최고 품질의 오리엔탈 허브에서 추출한 퓨어 에센셜 오일을 블렌드하여 차분한 향과 고급스러운 사용감을 자랑한다. 태국발 스파 브랜드 중 최대 제품수를 자랑하며, 국가 인증 인스트럭터가 관리하는 '판퓨리 웰니스 스파'에서 트리트먼트 서비스를 제공한다. 또한, 태국을 비롯해 세계 곳곳의 고급 호텔의 어메니티로도 사랑받고 있다.

Ⓐ 게이손 2층, 센트럴 월드 2층, 터미널 21 1층, 엠포리움 4층, 시암 파라곤 G, 4층, 시암 센터 1층, 킹 파워 마하나컨 3층
Ⓤ panpuri.com

LIFESTYLE THEME 02

심신의 피로를 풀어 줄 마사지 & 스파

열심히 걸어 다녀서, 수영하며 안 쓰던 근육을 써서 뻐근해진 몸을 시원하게 풀어주는 마사지. 마사지 없는 방콕 여행은 앙꼬 없는 찐빵이다. 어디서, 어떤 마사지를 받으면 좋을지 고민이라면 여기 주목!

마사지 종류

1. 타이 마사지 Thai Massage
이름에서도 알 수 있듯이 태국에서 유래한 마사지 기법이다. 과거 특정 부위를 자극해 온몸에 기가 돌게 하는 '전통 의학'에서 시작했지만, 현재는 관광산업을 대표하는 하나의 요소로 자리매김했다. 하지만, 타이 마사지를 처음 받는다면 조금 놀랄지도 모른다. 보통 마사지 하면 경혈을 지압하는 지압 마사지까지만 떠올리는 사람이 많은데, 타이 마사지는 거기에 마사지사가 온몸을 이용해 스트레칭까지 해 주기 때문. 마치 레스링 기술에 걸린 듯한 기분마저 들지만, 마사지가 끝나고 나면 머리 끝부터 발 끝까지 개운해진다.

2. 오일 마사지 Oil Massage
개인의 취향과 체질, 건강 상태에 따라 아로마 오일을 선택하고 마사지 받을 수 있다. 근육 뭉침부터 수면 부족 해소, 신진대사 개선 등 다양한 효과를 볼 수 있으며 아로마 향을 통해 신체뿐만 아니라 정신적으로도 힐링 받을 수 있다는 것이 큰 장점. 단, 오일 마사지를 받기 위해서는 속옷까지 탈의해야 하기 때문에 로컬 마사지 숍이 아닌, 청결, 그리고 안전이 인증된 업체에서 받을 것을 추천한다.

3. 스톤 마사지 Stone Massage
현무암 혹은 천연 대리석으로 만든 돌을 이용해 몸의 특정 부위를 마사지하는 기법으로, 근육의 긴장을 풀고 몸의 순환을 돕는 데 효과적이다. 돌은 마사지를 받는 사람의 체질에 따라 뜨겁거나 차갑게 해 사용한다. 보통 단독으로는 진행하지 않고, 오일 마사지 후에 스톤 마사지를 추가하는 경우가 많다.

4. 부위별 마사지 Partial Body Massage
보통 발 마사지와 어깨 마사지로 나뉜다. 한 부위만 집중적으로 관리받고 싶을 때 선택하면 좋다. 사실 부위별 마사지는 한낮 찜통 더위를 피해 30분 정도 쉬고 싶을 때 찾는 경우가 많다. 로컬 숍의 경우 에어컨이 없기도 하니 받기 전에 확인은 필수!

가볼만한 추천 숍

Oasis Spa 오아시스 스파

타이 마사지와 오일 마사지는 물론 음악 치료와 마사지를 결합한 시그니처 마사지 등 다양한 프로그램을 제공한다. 방콕에는 수쿰빗 지역에 세 개의 지점이 있다.

Ⓟ 1,200-7,500밧 Ⓤ oasisspa.net

BHAWA SPA 바와 스파

마사지에 트리트먼트 프로그램을 결합한 바와 시그니처부터 요가 포즈와 마사지를 결합한 바와 마사지 테라피까지 매력적인 오리지널 마사지 프로그램을 제공한다.

Ⓟ 2,550-9,550밧 Ⓤ bhawaspa.com

Health Land 헬스랜드

합리적인 가격으로 큰 사랑을 받고 있는 스파 체인. 방콕에 총 8곳의 지점이 있으며 그중 도심에 위치한 곳은 세 곳.

Ⓟ 650~4,000밧 Ⓤ healthlandspa.com

스파 브랜드에서 운영하는 숍

Harnn Heritage Spa
한 헤리티지 스파

한 헤리티지 스파 Harnn Heritage Spa
최고의 식물 성분만을 사용한 제품을 사용해
마사지 & 스파를 즐길 수 있다.

Ⓟ 800~5,200밧 Ⓤ harnn.com/harnn-spa-treatment

Thann Sanctuary
탄 생추어리

방콕을 대표하는 스파 브랜드 탄에서 운영하는
스파. 특이하게 기본적이 마사지 외에 스웨디시
마사지도 진행한다. 차트리움 그랜드 호텔,
게이손 빌리지, 엠포리움, 스쿰빗 47번길에
지점이 있다.

Ⓟ 2,500-7,000밧 Ⓤ thannsanctuaryspa.info

PAÑPURI ORGANIC SPA
판퓨리 오가닉 스파

센트럴 엠버시 파크 하얏트 내에 위치한 스파.
판퓨리의 오가닉 제품들을 사용한 마사지와
트리트먼트 프로그램을 제공한다. 게이손 내에는
판퓨리 웰니스 PAÑPURI WELLNESS가 있다.

Ⓟ 1,500~9,800밧
Ⓤ panpuri.com/organicspa/park-hyatt-bangkok/

신규 추천 숍

Calm Spa Ari
캄 스파 아리 (p.042)

예쁜 인테리어로 최근 가장 핫한 마사지 & 스파 숍 중 한 곳. 마사지부터
보디 스크럽, 페이셜 트리트먼트 등 다양한 서비스를 제공한다.

Ⓟ 700-5,000밧 Ⓤ calmspathailand.com

마사지 & 스파 선택 팁

1. 사실 가장 좋은 숍은 동선 안에 있는 곳, 혹은 숙소에서 가까운 로컬 숍이다. 굳이 찾아가는 수고를 감수하고서라도 찾아가고 싶은 마사지 & 스파는 딱 하루 정해서 가는 게 합리적. 예쁘고 유명한 숍들은 아무래도 가격대가 있어 1일 1마사지를 받기에는 부담이 있다.

2. 사실 방콕 마사지 만족도 여부는 그날의 마사지사에 달렸다.
아무리 좋은 마사지 숍을 예약해 방문하더라도 마사지사의 실력 차, 그리고 받는 사람의 취향 차가 크기 때문에 만족도는 갈릴 수밖에 없다. 호텔 근처 마사지 숍들의 가격대를 비교해 보고 한 곳을 선택해 마사지를 받아보자. 그날 만난 마사지사가 마음에 들었다면 한국에 돌아오기 전까지 그 사람을 계속 찾아가는 것이 가장 완벽하게 마사지를 즐기는 방법이다.

3. 마사지를 받으며 제일 고민되는 부분은 팁일 것이다.
사실 태국에서의 팁은 '감사의 표현'이지 강제 사항이 아니다. 마사지가 마음에 들었다면 15~20%, 괜찮았다면 10%, 별로였다면 주지 않아도 무관하다. 고급 숍은 요금에 이미 서비스 요금이 포함된 경우가 많으니 확인해 볼 것. 물론 너무 시원해 사례하고 싶다면 주는 건 자유!

4. 유명, 혹은 대형 스파의 경우 자신들만의 스파 제품을 개발해 함께 판매하는 곳이 많다.
만일 마사지 시 사용한 오일이나 마사지 후 발랐던 보디 로션 등이 마음에 들었다면 구매해 보자. 실용적이면서도 방콕을 추억하기 좋은 기념품이 될 것이다.

Drugstore & Mart Shopping

캐리어 가득 담아오고픈, 드럭스토어 & 마트 쇼핑

사실 방콕 쇼핑하면 짜뚜짝 시장 외에 슈퍼마켓 털이, 드럭스토어 쇼핑 정도가 가장 먼저 떠오른다. 식상할 수도 있지만, 그렇다고 패스할 수도 없는 방콕의 베이직 쇼핑 공략!

DRUGSTORE

Sunsilk 120฿

선실크 헤어 팩
핑크, 오렌지, 그린 등 다양한 컬러의 헤어 팩이 있는데, 손상모 전용 오렌지 팩이 가장 인기가 많다.

Dentiste 250฿

덴티스테 치약
태국 치약 삼대장, 시게이트, 달리, 덴티스테. 그중에서도 덴티스테는 한국 정가의 절반 정도 가격에 살 수 있어 강력 추천.

타이거 밤
태국 여행에서 빼놓을 수 없는 쇼핑 품목으로 알려졌지만, 사실은 싱가포르 제품. 밤 형태도 좋지만, 파스 형태가 두고두고 쓰기 유용하다.

Tiger balm 290฿

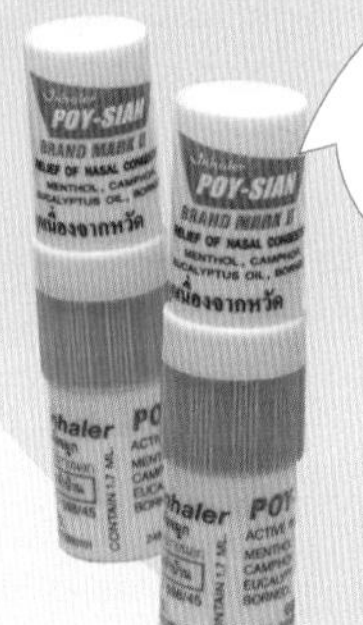

Poy-sian 24฿

야돔
이제는 한국에서도 판매하는 베스트셀러. 뚜껑이 위아래로 열리는데 한쪽은 코가 뚫리는 효과가, 반대쪽은 모기 물린 데 바를 수 있는 형태로 되어 있다.

Soffell 70฿

소펠 모기 기피제
음식점 야외석에 앉으면 건네주는 그 제품! 소펠 Soffell의 모기 기피제다. 모기에게 인기 폭발인 사람도 효과 만점.

특별한 드럭스토어

Baan Mowaan 반 모완

라따나꼬신에 위치한 작지만 유서 깊은 전통 드럭스토어. 이곳의 시그니처 제품은 야홈 Yahom이라는 이름의 환. 소화를 도우며 멀미에도 효과적이다. 그 외 근육통, 관절통 등의 통증에 좋은 밤과 오일도 추천 상품. 아이콘 시암, 시암 디스커버리, 수완나폼 공항 면세점 등에도 입점해 있다.

Ⓐ 9 Soi Thesa Bamroongmuang Road Ⓖ 13.75144, 100.49989
Ⓣ 02-221-8070 Ⓗ 화-일 09:30-17:30(월 휴무) Ⓜ Map → 4-S3

Provamed
175฿

아크네 레티놀 에이 젤
피부 전문 브랜드 프로바메드 PROVAMED의 트러블 전용 연고. 색소 침착은 물론 좁쌀 여드름에도 효과적이다.

Pond's
30฿

폰즈 파우더
BB 파우더는 커버력 있는 스킨 컬러, 엔젤 페이스 핑크는 피부를 화사하게 만들어 주는 핑크 컬러다. 베이스 화장 위에 덧바르면 땀이 나도 걱정 끝!

Snake cooling
125฿

스네이크 쿨링
방콕의 무더위를 이겨낼 수 있도록 도와줄 스네이크의 쿨링 제품 시리즈. 스프레이 형태와 파우더 형태 등 다양하다.

체인 드럭스토어

Boots 부츠

우리에게도 익숙한 영국발 드럭스토어. 태국 부츠 매장에서만 판매하는 오리지널 제품들이 있어 찾는 재미가 쏠쏠하다. 방콕에만 수십여 곳의 매장이 있으며, 추천 매장은 딱히 없고 가까운 곳에 방문할 것을 추천한다. 매장 카운터에서 구매 금액의 5%를 할인해 주는 투어리스트 카드 Tourist Card를 발급받을 수 있다.

Ⓤ th.boots.com

Watson's 왓슨스

한국에서는 사라진 드럭스토어 체인. 부츠와 비교하면 매장 수가 현저히 적다. 접근성이 괜찮은 곳을 따지면 프롬퐁 지점과 아시아티크 지점, 방락 지점 정도. 부츠와 마찬가지로 오리지널 제품들을 판매하고 있다.

Ⓤ watsons.co.th

MART SHOPPING

똠얌 라면
이거 하나면 한국에서도 간편하게 똠얌을 즐길 수 있다. 끓여 먹어도 좋고, 컵라면처럼 물을 부어 먹어도 된다. 가장 인기 있는 브랜드는 마마 MAMA.

MAMA
10฿

맥주
태국의 국민 맥주 브랜드, 싱하 SHINGHA, 창 Chang, 레오 LEO. 라거여서 한국인 입맛에도 딱이다.

SINGHA
35฿

옥수수 젤리
고소한 맛이 중독성 있는 옥수수 맛 젤리. 같은 브랜드에 다른 맛 젤리도 많지만 옥수수가 제일 인기다.

My Cheuy
20฿

쌤쏭
태국 국민 위스키. 마켓, 편의점에서 쉽게 찾을 수 있다. 싱하 소다 워터와 찰떡궁합.

Sangsom
155฿

TIP.
주류 판매 허용 시간
태국의 마켓, 편의점 등에서는 정부가 허용한 오전 11시부터 오후 2시까지, 그리고 오후 5시부터 자정까지만 술을 판매한다.

조리 제품
각종 카레 키트부터 팟타이 키트까지 다양한 조리 제품을 판매한다. 그중에서도 블루 엘리펀트(p.060)의 팟타이 키트를 강력 추천.

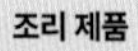

Blue Elephant
120฿

Lobo
17฿

소스
태국 음식이 입맛에 잘 맞는 사람이라면 똠얌 페이스트, 피시 소스 등은 필수로 구매해 올 것. 요리에 한 스푼 첨가하는 것만으로 음식의 맛이 확 바뀐다.

PLUS.
핑크 달걀
SNS에서 핫한 겉은 핑크, 속은 까만 달걀. 맛은 '감동란'보다 못하지만, 호기심에 먹어볼 만.

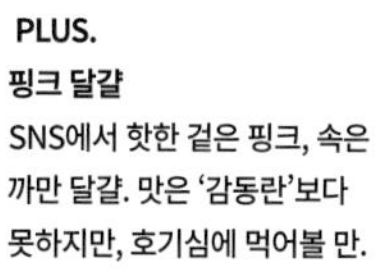

포키
초코바나나맛 포키. 맛은 물론이고, 원숭이가 그려진 귀여운 패키지 때문에 어쩔 수 없이 손이 간다.

김 과자 / 벤토
부피가 적어 뭉텅이로 사기 좋은 술안주. 벤토는 오징어 쥐포이며, 김 과자는 '맛있다 Masita'와 '타오케노이 Tao Kae Noi'가 대표적.

차옌(타이 티)
차뜨라므에서 판매하는 차옌 전용 티백을 구입하거나, 좀 더 간편하게 즐기고 싶다면 네스티의 차옌 분말을 추천.

건과일
간편하게 열대과일을 맛볼 수 있어 인기인 건과일. 망고부터 코코넛, 두리안까지 없는 게 없다. 브랜드는 쿤나 KUNNA가 가장 유명하다.

태국 대표 마켓

Big C 빅씨

태국뿐만 아니라 베트남, 라오스에도 매장을 둔 대형 마켓 체인 브랜드. 방콕 시내 곳곳에서 만날 수 있는데, 가장 크고 늦게까지 하는 지점은 시암점. 대중교통 이용 시 BTS 칫롬역에서 내리면 된다. 택시를 타고자 한다면 근처에는 미터 택시가 거의 없으니 그랩 택시를 부를 것을 추천.

빅씨 시암점
Ⓐ 97 11 Ratchadamri Rd
Ⓖ 13.74707, 100.54094 Ⓗ 09:00-02:00
Ⓤ bigc.co.th Ⓜ Map → 6-S9

Gourmet Market 고메 마켓

백화점 내에 입점한 마켓. 빅씨와 비교해 고급스럽고 그만큼 가격대도 비싼 편이다. 엠포리움과 엠쿼티어, 시암 파라곤, 터미널 21에 입점해 있는데 그중 규모가 가장 큰 시암 파라곤점을 추천한다. BTS 시암역과 연결되어 있으며 G층에 있으며, 리셉션에서 투어리스트 카드를 발급받으면 구매 금액에서 5%를 할인해 준다.

시암 파라곤점
Ⓐ G/F, Siam Paragon, 991 Rama I Rd
Ⓖ 13.74753, 100.53568 Ⓗ 10:00-22:00
Ⓤ gourmetmarketthailand.com
Ⓜ Map → 6-S7

Tops market 톱스 마켓

생과일을 특히나 저렴하게 파는 마켓. 센트럴 월드, 로빈슨 백화점과 같은 계열사여서 항상 세트처럼 붙어 있다. 워낙 지점이 많아 가까운 곳을 찾아가면 되는데, 아속역 로빈슨 백화점 지하에 위치한 지점은 규모는 작지만, 24시간 영업이어서 편리. 반대편에 있는 터미널 21의 2층에 무료로 짐을 맡길 수도 있어(p.117) 출국 전에 들르면 좋다.

아속역점
Ⓐ 259 Sukhumvit Rd Ⓖ 13.73824, 100.5595
Ⓗ 24시간 Ⓤ topsmarket.tops.co.th
Ⓜ Map → 3-S1

PHROM PHONG

Dasa Book Cafe
다사 북 카페

BTS 프롬퐁역에서 나와 큰길을 따라 2분 정도 걸으면 만날 수 있는 중고 서점. 겉보기에는 아담해 보이지만, 3층으로 이어진 공간에는 무려 1만 8,000여 권의 중고 서적이 새 주인을 기다리고 있다. 영어를 비롯해 유럽 각국의 언어로 쓰인 도서들을 만날 수 있으며, 홈페이지를 통해 매일 새로 입고된 도서 목록을 업데이트한다. 도서 외에 중고 음반도 취급한다.

Ⓐ 714, 4 Sukhumvit Rd(BTS 프롬퐁역에서 도보 2분)
Ⓖ 13.72881, 100.57178 Ⓣ 02-661-2993 Ⓗ 10:00-20:00 Ⓜ Map → 3-S6

Dasa Book Cafe 다사 북 카페

SIAM & BANG NA

happening 해프닝

태국의 예술과 엔터테인먼트를 다루는 매거진 <해프닝>에서 운영하는 숍. 해프닝에서 출간한 잡지들을 비롯해 다양한 출판물을 한데서 만나볼 수 있다. 방콕에 두 개의 지점이 있는데, 방콕 예술문화센터 BACC(p.063) 3층에 있는 '해프닝 숍 happening shop'이 접근성이 좋다. 닷파 아트 마켓(p.103)의 '해프닝 라이브러리 happening library'는 커피를 마시며 느긋하게 책을 즐기기 좋다.

해프닝 숍 Ⓐ No. 939 Rama I Rd(방콕 예술문화센터 내) Ⓖ 13.74643, 100.53019 Ⓣ 02-214-3040 Ⓗ 화-일 10:00-20:00(월 휴무) Ⓜ Map → 6-S1

Passport Bookshop
패스포트 북숍

라따나꼬신에 자리한, 여행자를 위한 책방. 카오산 로드에서 천천히 걸어 10분이면 도착할 수 있는 거리다. 1층은 책이 메인을 이루고, 2층은 차 한잔하며 책 읽기 좋은 공간으로 꾸며져 있어 태국을 여행하는 외국인 여행자들에게 특히 인기가 많다. 영어와 태국어로 쓰인 책이 주를 이루며, 책 겉표지에 오너가 직접 꾹꾹 눌러쓴 추천사가 흥미롭다. 카운터 옆에 자그마한 붉은색 우체통이 있는데, 엽서를 적어 이곳에 넣으면 실제로 발송해 주니 꼭 경험해 보길!

Ⓐ 28 Soi Samran Rat, Khwaeng Samran Rat, Pranakorn (카오산 로드에서 도보 17분) Ⓖ 13.75292, 100.50351
Ⓣ 02-629-0694 Ⓗ 화-일 11:30-19:00(월 휴무) Ⓜ Map → 4-S2

Bookstore

로컬의 문화를 읽는 시간, 서점

서점에서 책을 사는데 점원이 물었다. 태국어로 쓰였는데 괜찮냐고. 무엇이 문제라! 여행지에서 서점에 들러 그 나라 고유의 언어로 쓰인 책을 눈으로 보고, 손으로 만지는 일은 그 자체만으로 로컬의 문화를 경험할 수 있는 가치 있는 시간이다. 게다가 다문화의 나라 태국에는 영문 서적도 많으니까!

SIAM

OPEN HOUSE

Open House 오픈 하우스

센트럴 엠버시 6층에 위치한 대형 서점. 빼곡히 진열된 책들 사이로 작업 공간과 어린이 놀이 공간, 카페, 라이프스타일숍, 레스토랑이 한데 모여 있는 복합 문화 시설이다. 아름다운 공간 디자인으로 2017 홍콩 디자인 센터에서 디자인 포 아시아 그랜드 어워드 수상, 2017 아시아 서점 포럼에서 가장 아름다운 서점에 선정되었다. 다양한 장르의 출판물을 취급하는데, 그중에서도 디자인 서적에 특화되어 있다.

Ⓐ 1031 Ploenchit Rd(센트럴 엠버시 6층) Ⓖ 13.74391, 100.54695
Ⓣ 02-119-7777 Ⓗ 10:00-22:00 Ⓤ facebook.com/openhouse.ce
Ⓜ Map → 6-S14

RATTA NAKOSIN

SIAM SHOPPING ROAD

더워도, 비가 와도 괜찮아, 시암 쇼핑 센터 거리

BTS 시암역부터 칫롬역까지 이어지는 고가 인도는 이 일대의 모든 쇼핑몰들로 이어진다. 무더운 한낮이나 스콜이 자주 쏟아지는 우기에 방문하면 걱정 없이 쇼핑하기 딱인, 시암 쇼핑센터 산책!

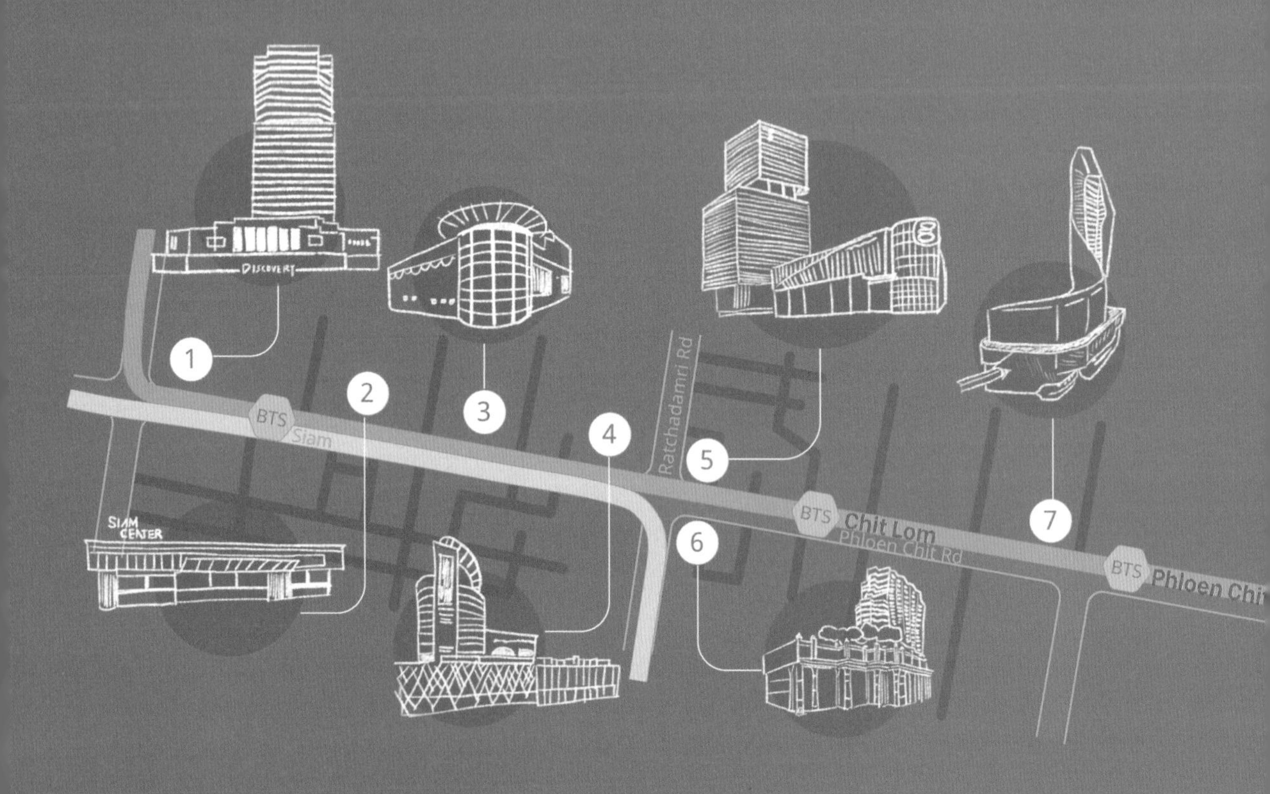

1. Siam Discovery
시암 디스커버리

방콕 예술문화센터 바로 옆에 위치한 쇼핑센터. 화이트와 블랙 컬러를 사용한 젊고, 감각적인 디자인이 눈길을 끈다. 명품보다는 젊은 방콕커들의 취향을 저격할 만한 브랜드 라인업이 인상적.

Ⓐ 194 Phaya Thai Rd
Ⓖ 13.74666, 100.53149
Ⓣ 02-658-1000 Ⓗ 10:00-22:00
Ⓤ siamdiscovery.co.th

2. Siam Center
시암 센터

패션 브랜드를 중심으로 만나볼 수 있는데, 특히 1층의 패션 비저너리 층에서는 태국 패션의 현주소를 만날 수 있다. 1층 중앙에 기획전을 진행하는 공간에서 다양한 브랜드와 기획 행사를 진행한다.

Ⓐ 979 Rama I Rd
Ⓖ 13.74624, 100.53278
Ⓣ 02-658-1000 Ⓗ 10:00-22:00
Ⓤ siamcenter.co.th

3. SIAM PARAGON
시암 파라곤

방콕을 대표하는, 랜드마트격 쇼핑센터. 푸드코트부터 지상층의 명품관, 지하 1층의 고메 마켓(p.113) 뿐만 아니라 벤틀리, 마세라티, 롤스로이스 등 최고급 자동차 브랜드 라인업까지 셀렉트 수준이 높다.

Ⓐ 991 Rama I Rd
Ⓖ 13.74643, 100.53495
Ⓣ 02-610-8000 Ⓗ 10:00-22:00
Ⓤ siamparagon.co.th

4. Central World
센트럴 월드

시암 쇼핑센터들 중 가장 큰 규모를 자랑하는 곳. 다 둘러보려면 반나절도 넘게 걸린다. 온갖 방콕의 맛집이 이곳에 입점해 있어 쇼핑하며 식도락을 즐기기도 최고. 이세탄 백화점과 건물을 쉐어하고 있다.

Ⓐ 999/9 Rama I Rd
Ⓖ 13.74663, 100.53933
Ⓣ 02-640-7000 Ⓗ 10:00-22:00
Ⓤ centralworld.co.th

다른 지역 백화점

ICON SIAM 아이콘 시암

가장 최근에 생긴 쇼핑몰. 방콕 최초의 애플 스토어가 입점해 있으며, 식당가가 수상 시장 콘셉트로 꾸며진 것으로 유명하다. 도심을 중심으로 짜오프라야강 건너편에 위치해 있어 위치가 조금 애매하다. 택시를 타고 가거나 BTS 싸판 딱신 Saphan Taksin역 2번 출구 에서 무료 셔틀 보트를 이용하면 된다.

Ⓐ 299 Charoen Nakhon 5 Alley Ⓖ 13.72627, 100.51005 Ⓣ 02-495-7080
Ⓗ 10:00-22:00
Ⓤ iconsiam.com Ⓜ Map → 5-S2

Terminal 21 터미널 21

공항 & 여행 콘셉트로 만들어진 쇼핑센터. 층마다 유명 도시 이름이 적혀 있으며, 그 도시 관련 브랜드가 입점해 있다. 5층의 식당가 피어 21은 간단하게 식사하기 좋아 인기다. BTS 아속역, MRT 수쿰빗역에 접해 있다.

Ⓐ 88 Soi Sukhumvit 19(BTS 아속역, MRT 수쿰빗역에서 바로)
Ⓖ 13.73793, 100.56047 Ⓣ 02-108-0888 Ⓜ Map → 3-S2

EMQUARTIER & EMPORIUM 엠쿼티어 & 엠포리움

수쿰빗 지역 엔터테인먼트, 푸드, 교육의 허브 역할을 하는 쇼핑센터 두 개 백화점이 서로 마주보고 있는 형태이다. 명품 브랜드부터 퀄리티 높은 바들까지 럭셔리함의 극치를 느낄 수 있다.

Ⓐ 698 693,695 Sukhumvit Rd(BTS 프롬퐁역에서 바로) Ⓖ 13.732, 100.56972
Ⓣ 02-269-1000 Ⓗ 10:00-22:00 Ⓤ tourist.emquartier.co.th Ⓜ Map → 3-S4, 5

5. Gaysorn Village 게이손 빌리지

쟁쟁한 시암 쇼핑센터들 사이에서 특히 눈에 띄는 고급스러운 쇼핑몰. 입점 브랜드들도 단순히 럭셔리 브랜드를 모아놓았다기보다는 게이손만의 안목이 느껴진다. 지하에 탄 생추어리 스파가 있다.

Ⓐ 999 Phloen Chit Rd
Ⓖ 13.74522, 100.54075
Ⓣ 02-253-1129 Ⓗ 10:00-21:00
Ⓤ gaysornvillage.com

6. Erawan Bangkok 에라완 방콕

클래식한 분위기의 쇼핑센터. 규모는 크지 않지만, 고급 브랜드들이 알차게 들어서 있어 둘러보기 좋다. 그랜드 하얏트 에라완과 이어져 있으며, 사실 쇼핑센터보다는 바로 옆의 사원과 에라완 티 룸으로 더 유명하다.

Ⓐ 494 Phloen Chit Rd
Ⓖ 13.74398, 100.54044
Ⓣ 02-250-7777 Ⓗ 10:00-22:00
Ⓤ erawanbangkok.com

7. Central Embassy 센트럴 엠버시

사실 시암-칫롬 고가교와는 연결되어 있지 않지만, 칫롬역에서 도보로 2분이면 갈 수 있어 함께 둘러보기 좋다. 6층의 오픈 하우스, 5층의 시월라이 시티 클럽 등 방콕의 라이프스타일을 공유하는 공간들이 인기를 끌고 있다.

Ⓐ 1031 Phloen Chit Rd
Ⓖ 13.74379, 100.54658
Ⓣ 02-119-7777 Ⓗ 10:00-22:00
Ⓤ centralembassy.com

TIP. 쇼핑 팁

1. 투어리스트 카드로 할인 받기
대부분의 쇼핑몰 안내 데스크에서 투어리스트 카드를 발급받 수 있다. 이 카드가 있다면 사용 가능 매장에서 5% 할인을 받을 수 있다. 카드 발급 시 여권이 필요하니, 쇼핑몰 방문 일정이 있는 날에는 반드시 여권을 소지할 것.

2. 공항에서 부가세 환급 받기
주요 쇼핑몰 및 여행자가 많이 찾는 드럭스토어 등에서 부가세 환급 서비스를 제공하고 있다. 60일을 넘기지 않는 여행 기간 내 총 5,000밧 이상 구매하고, 한 쇼핑 스폿에서 구매액 2,000밧 이상 구매했다면 7%의 부가세를 환급 받을 수 있다. 2,000밧 이상 구매할 때마다 부가세 환급 서류를 받아 두고 출국 시 체크인 전 공항 VAT REFUND 카운터에서 관세 도장을 받고(대상 물품을 확인하기도 하니 무조건 체크인 전에) 출국심사 후 면세점 구역의 부가세 환급 카운터에 제출하면 소정의 수수료를 제하고 환급해 준다.

3. 짐 맡기거나 공항으로 붙이기
아이콘 시암과 터미널 21, 시암 파라곤, 엠쿼티어에서 짐을 보관하고, 공항으로 발송하는 서비스를 제공한다. 록 박스 Lock Bos와 벨럭 bellugg이라는 업체를 통해 서비스하니 미리 정보를 체크해 가면 좋다. 보관은 보통 시간당 20~60밧, 공항 발송은 300~600밧 사이.
록 박스 lockbox-th.com
벨럭 bellugg.com

4. 푸드코트 이용하기
카드 충전소에서 사용할 금액만큼 충전하고 원하는 곳에 가서 음식 주문 후 카드로 계산한다. 남은 금액은 카드 충전소에서 환불받을 수 있다.

Market

방콕을 추억할 보물을 찾아서, 시장

방콕 쇼핑을 대표하는 짜뚜짝 주말 시장을 시작으로 나이트라이프의 성지 랏차다 롯파이 야시장, 쇼핑몰과 시장의 장점만을 살려 조성된 아시아티크까지. 방콕에는 수많은 시장이 존재하지만, 그중에서도 핵심 스폿을 골랐다. 뻔하다면 뻔하지만, 아는 만큼 보이는 시장 투어, 스타트!

CHATU CHAK

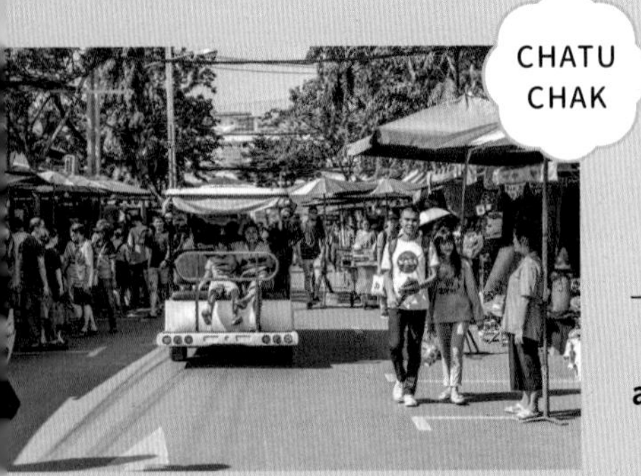

Chatuchak Weekend Market
짜뚜짝 주말시장

방콕 쇼핑의 대명사! 주말에만 문을 여는, 없는 게 없는 만물 시장으로, 규모가 상당해 다 둘러보려면 온종일 다녀야 할 판이다. 공산품이 많아 스윽 보면 비슷한 상품 투성이지만, 잘 찾으면 그중에서도 특별히 예쁜 물건이 있다. 마음에 드는 것을 찾았다면 바로 그 자리에서 겟할 것. 엄청난 인파를 헤치고 다시 찾아내는 건 불가능에 가까우니까. 게다가 짜뚜짝은 정찰제로 운영하는 상점이 많고, 상점마다 가격 차가 큰 편은 아니니 손해 보는 일은 없을 것이다. MRT 깜팽펫 Kamphaeng Phet역 2번 출구로 나오면 바로. 또는 MRT 짜뚜짝 파크역이나 BTS는 모칫 Mo Chit역에서 내리면 5분 정도 거리에 있다.

Ⓐ Kamphaeng Phet 2 Rd Ⓖ 13.79893, 100.55022
Ⓗ 수-목 07:00-18:00, 금 06:00-24:00, 토-일 09:00-18:00(월-화 휴무) Ⓤ chatuchakmarket.org Ⓜ Map → 7-S2

근처에 있다면 둘러볼 만한 플리마켓

a. Playground Antique Flea Market
플레이 그라운드 앤티크 플리마켓

MRT 깜팽펫 1번 출구 바로 옆, DD 몰 앞에 열리는 앤티크 플리마켓. 연식을 가늠하기 힘들 정도로 오래된 필름 카메라부터 이빨 빠진 그릇, 빛바랜 장난감, 국왕 동상 등등 쓸모없어 보이면서도 가지고 싶은 물건이 한가득. 딱히 사지 않더라도 둘러보는 것만으로도 재미있는 마켓이다. 짜뚜짝에 들렀다면 꼭 가 보길 추천!

Ⓐ Kamphaeng Phet 2 Rd Ⓖ 13.79891, 100.54832
Ⓗ 금-일 11:00-23:00(월-목 휴무) Ⓤ facebook.com/chatuchakplayground Ⓜ Map → 7-S1

TIP.

매일 밤 방콕 시내 곳곳에서 야시장이 열린다. 정기적으로 열리는 것부터 이벤트성까지. 숙소에 체크인했다면 근처에 갈 만한 야시장이 있는지 알아두자. 잠들기 아쉬운 밤 소소한 즐거움을 선사할 것이다.

DIN DAENG

Train Night Market Ratchada
랏차다 롯파이 야시장

짜뚜짝에 다녀왔는데 랏차다 롯파이에 또 쇼핑을 하러 가겠다면 말리고 싶다. 하지만 쇼핑보다 나이트라이프(p.097), 야시장 먹거리를 즐기러 가겠다고 하면 추천. 저녁 8시 이후부터 슬슬 사람들이 모여들기 시작해 9시가 넘으면 곳곳에서 디제잉이 펼쳐진다. 찾아가는 법은 어렵지 않다. MRT 태국 문화 센터 Thailand Cultural Centre역에서 하차해 인파에 몸을 맡기면 끝. 화려한 랏차다 롯파이의 모습을 한눈에 담고 싶다면 바로 옆에 위치한 쇼핑몰 에스플라나드 랏차다 4층 주차장에 오르면 된다.

Ⓐ 55 10 Ratchadaphisek Rd Ⓖ 13.76688, 100.56866
Ⓗ 17:00-01:00 Ⓤ facebook.com/taradrodfi.Ratchada
Ⓜ Map → 7-S5

PLUS.

Train Night Market 롯파이 야시장

사실 랏차다 롯파이 야시장은 랏차다피섹 대로에 위치한 롯파이 야시장일 뿐, 오리지널 롯파이 야시장은 외곽에 있다. 대중교통이 마땅치 않아 여행자가 찾아가기는 쉽지 않은 것이 단점. 그래도 2호점과는 또 다른 빈티지한 매력이 있어, 빈티지 혹은 올드카에 관심이 있다면 가 볼 만하다.

Ⓐ 1 4 Soi Srinagarindra
Ⓖ 13.69519, 100.65098
Ⓗ 금-일 17:00-01:00(월-목 휴무)
Ⓤ facebook.com/taradrodfi
Ⓜ Map → 8-S6

CHAO PHRAYA

Asiatique 아시아티크

방콕 중심에서 짜오프라야강을 따라 남서쪽, 접근성이 좋은 편은 아니지만 '현대식 시장'으로 인기를 끌고 있다. BTS 사판 딱신역에서 하차해 2번 출구 앞 선착장에서 아시아티크로 가는 보트를 이용하거나 택시를 타고 들어가야 한다. 다른 시장들에 비해 판매하는 상품들의 가격대도 높은 편. 그래도 다른 시장들보다 덜 복잡하고 깨끗한 데다 시그니처 관람차를 타면 짜오프라야 강변의 야경까지 즐길 수 있어 충분히 방문할 가치가 있다.

Ⓐ 2194 Charoen Krung Rd Ⓖ 13.70446, 100.50323
Ⓣ 092-246-0812 Ⓗ 09:00-24:00
Ⓤ asiatiquethailand.com Ⓜ Map → 5-S4

PLACES TO STAY

방콕 호캉스 즐기기

전 세계를 통틀어 방콕만큼 5성급 호텔이 저렴하고 선택지가 다양한 곳도 없다. 배낭여행자를 위한 게스트하우스와 호스텔도 많지만, 방콕에 온 이상 적어도 며칠은 5성급 호텔에서 진정한 휴식을 누려볼 것을 강력히 추천한다!

지역 선택하기

1. 수쿰빗
수쿰빗 지역은 호텔의 격전지라고도 불릴 만큼 수많은 호텔이 있으며, 지금 이 순간에도 새롭게 지어지고 있다. 일일 투어를 많이 활용할 생각이라면 BTS 아속역 인근이 좋다. BTS는 물론 MRT 수쿰빗역까지 붙어 있어 이곳에서 투어 미팅을 하는 업체가 많다. 역에서 조금 떨어진 곳에 호텔이 위치한 경우, 대부분이 역, 혹은 대로변으로 오가는 미니버스, 혹은 뚝뚝 서비스를 제공한다.

2. 실롬 & 사톤
고급 호텔이 몰려 있는 지역이다. 반얀트리부터 수코타이, 샹그릴라, 만다린 등 방콕을 대표하는 5성급 호텔들을 이곳에서 만날 수 있다. 다만 수쿰빗에 비해 카페나 식당, 바가 다양한 느낌이 적다. 방콕의 환대문화를 충분히 느끼며 여유롭게 지내고 싶다면 이 지역을 추천하지만, 늦은 시각까지 돌아다니는 성향이라면 수쿰빗이 더 맞다.

3. 짜오프라야 강변
짜오프라야강의 야경을 충분히 즐길 수 있는 숙소들이 강변을 따라 늘어서 있다. 호텔부터 호스텔까지 다양한데, 왕궁과 왓 포 인근에는 왓 아룬의 야경을 즐길 수 있는 호스텔이 많다. 다만 이 지역은 법적으로 그랩 이용이 불가능한 데다, 미터로 가는 택시가 별로 없어 은근히 교통이 불편하게 느껴질 수 있다. 라마다 호텔이나 차트리움, 오키드 쉐라톤 등 대형 호텔에서는 전용 셔틀 보트를 운행해 근처 BTS 역, 혹은 강변의 주요 관광지까지 편리하게 움직일 수 있다.

4. 카오산 로드
배낭여행자들을 위한 저렴한 호스텔과 호텔이 즐비하다. 청결이나 친절은 다른 5성급 호텔에 비할 수 없지만, 여행자들이 모이는 곳인 만큼 여행 정보를 얻고 친구를 만드는 데는 이곳만 한 곳도 없다. 여행자들과 어깨를 부딪치며 생동감 넘치는 방콕을 즐기고 싶다면 추천한다.

방콕 호텔 이용 전 체크 사항

1. 체크인, 체크아웃 시간
예약 전 체크인 및 체크아웃 시간을 꼭 확인하자. 호텔에 따라서는 이른 체크인(Early Check in)과 늦은 체크아웃(Late Check Out) 서비스를 제공하는 곳도 있으니, 미리 문의해 보고 충분히 활용할 것.

2. 조식을 비롯한 이용 가능 시설 파악
숙박비에 조식은 포함되는지, 웰컴 드링크 쿠폰을 제공하는지, 무료 세탁 서비스가 있는지, 베이비 시터 서비스를 신청할 수 있는지 등 부가 서비스를 체크하면 더욱 알차게 호텔을 이용할 수 있다.

TIP.
방콕의 호텔은 성수기와 비성수기의 가격 차가 심한 편. 스탠다드 룸 기준으로 성수기 1박 가격 20만 원 이상 시 BBB, 10~20만 원 시 BB, 10만 원 이하 시 B로 표기했다.

3. 룸 업그레이드 가능 여부
간혹 생일이나 결혼기념일, 허니문인 고객을 대상으로 룸 업그레이드 서비스를 제공하기도 한다. 당일에 업그레이드해 주는 경우도 있지만, 방문 전 이메일로 요청하면 확률이 더욱 높아진다. 밑져야 본전이니 이메일을 보내 볼 것!

4. 연박 시 무료 숙박 제공 여부
호텔에 따라서는 2박 시 1박을 무료로 묵는 프로모션을 제공하기도 한다. 호텔 예약 페이지에서 프로모션을 진행하고 있는지 꼼꼼하게 체크해 보자.

5. 디파짓 비용과 결제 수단 확인
호텔을 예약했다면 체크인 전 디파짓(보증금) 규정을 미리 확인할 것. 호텔에 따라 적게는 1박당 1,000밧부터 많게는 8,000밧까지 천차만별인데, 현금과 신용카드 모두 받는 곳도 있지만 신용카드(체크카드 불가능)로만, 결제가 가능한 곳도 있다. 신용카드의 경우 승인 취소까지 2주가 걸리기도 해 카드 한도에 여유가 있는지 확인해 둘 필요가 있다.

6. 체크아웃 후 수영장 & 샤워실 이용 가능 여부
대부분의 호텔이 체크아웃 후 짐을 맡아 주는 서비스는 물론 부대 시설까지 이용할 수 있도록 돕기도 한다. 특히 수영장과 샤워실 이용은 많은 곳에서 제공하는 서비스이니 미리 알아볼 것. 만일 한국으로 돌아오는 비행편이 심야일 경우 호텔에서 샤워를 하고 공항으로 향하는 것도 방법이다.

7. 주요 역 & 메인 거리 픽업/샌딩 서비스
교통 조건이 좋지 않은 호텔 대부분이 근처의 역 혹은 메인 거리까지 미니버스나 뚝뚝을 이용한 픽업/샌딩 서비스를 제공한다. 길이 많이 막히는 시간에는 BTS를 타고 호텔 근처 역까지 이동한 뒤 이러한 서비스를 이용하는 게 시간을 절약하는 데 도움이 된다.

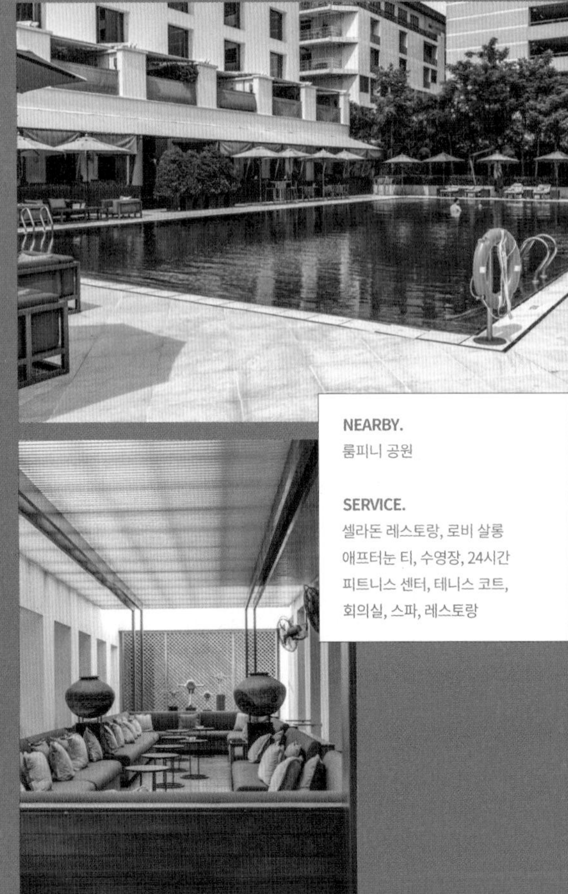

NEARBY.
룸피니 공원

SERVICE.
셀라돈 레스토랑, 로비 살롱 애프터눈 티, 수영장, 24시간 피트니스 센터, 테니스 코트, 회의실, 스파, 레스토랑

1 The Sukhothai Bangkok
더 수코타이 방콕

더 수코타이 방콕은 방콕의 그 어느 호텔과도 다르다. 이름에서도 알 수 있듯, 13세기 태국의 최초 왕조였던 '수코타이' 왕조를 모티브로 해 독특한 분위기를 자아낸다. 창밖 인공 연못 위로 솟아 있는 쩨디와 파고다, 그리고 룸에 장식된 흉상, 양각화 등이 수코타이 유적지에 온 듯한 착각을 일으킨다. 이러한 고즈넉하면서도 신비로운 분위기에 어울리는 묵직한 환대는 방콕에서 경험할 수 있는 가장 멋진 일 중 하나일 것이다.

Ⓐ 13/3 S Sathon Rd(BTS 살라댕역, MRT 룸피니역에서 도보 10분)
Ⓖ 13.72306, 100.54084 Ⓣ 02-344-8888 Ⓟ BBB Ⓤ sukhothai.com Ⓜ Map → 5-H2

2 137 Pillars Suites & Residences Bangkok
137 필라스 스위트 & 레지던스 방콕

2017년 오픈한 BTS 프롬퐁역 인근의 스위트 & 레지던스. 생기고 얼마 지나지 않아 2017 SLH 어워드에서 베스트 스위트 부분을 수상했을 정도로 럭셔리하고 프라이빗한 서비스를 제공한다. 스위트 룸은 24시간 버틀러 서비스를 제공하며 전용 라운지에 조식을 맛볼 수 있고, 27층의 전 투숙객 대상 인피니티 풀은 물론 32층의 프라이빗 인피니티 풀까지 이용할 수 있다. 레지던스 룸은 세탁기와 건조기, 주방 시설이 있어 장기 여행자에게 추천한다.

Ⓐ 59/1 Soi Sukhumvit 39(BTS 프롬퐁역에서 전용 셔틀버스로 5분) Ⓖ 13.73752, 100.57237
Ⓣ 02-079-7000 Ⓟ BBB Ⓤ 137pillarsbangkok.com
Ⓜ Map → 3-H6

NEARBY.
엠쿼터티어, 엠포리움

SERVICE.
니밋 레스토랑(p.088),
잭 배인스 바, 마블 바, 전용 셔틀버스, 수영장 2개, 24시간 피트니스 센터, 스파, 비즈니스 센터

NEARBY.
짜오프라야강, 아시아티크

SERVICE.
리버 바지 레스토랑, 로비 라운지, 전용 셔틀 보트, 공항 픽업/샌딩 서비스, 수영장, 피트니스 센터, 사우나, 비즈니스 센터, 슈퍼마켓

4 Marriott Marquis Queen's Park

메리어트 마르퀴스 퀸즈 파크

원래는 엠피리얼 퀸즈 파크 호텔이었던 곳을 메리어트 그룹이 인수해 2016년 12월 새롭게 오픈했다. 방콕의 호텔을 통틀어 가장 인상적일 만큼 넓은 그라운드 플로어를 가지고 있으며, 두 개 동으로 나뉜 호텔 건물은 리뉴얼한 지 얼마 되지 않아 깔끔하다. 조식의 또한 동서양을 넘나들며 엄청난 가짓수를 자랑한다. 벤차시리 공원과 이어져 있어 산책을 할 수 있는 것도 장점. 아이들을 위한 공간이 잘되어 있어 어린이 동반 여행객에게 추천한다.

3 Chatrium Hotel Riverside Bangkok

차트리움 호텔 리버사이드 방콕

짜오프라야 강변에 위치한 호텔. 원래 레지던스 용도로 지어졌던 건물을 호텔로 활용하여 다른 호텔에 비해 널찍한 룸을 자랑한다. 룸에 따라 화려한 시티 뷰, 혹은 리버 뷰를 감상할 수 있다. 모든 객실에 발코니와 식탁, 주방 시설이 갖추어져 있다. 6층에 위치한 짜오프라야 강변이 내려다보이는 수영장은 남국 분위기가 물씬 풍긴다. 도심의 호텔에 비교해 단점이라고 할 수 있는 교통은 전용 셔틀 보트를 운행해 불편을 해소했다.

NEARBY.
벤차시리 공원, 엠쿼티어, 엠포리움

SERVICE.
시암 티룸(p.073), 에이 바(p.099), 전용 셔틀 뚝뚝, 수영장 2개, 24시간 피트니스 센터, 스쿼트장, 사우나, 스파, 베이비 시터 서비스, 키즈클럽, 클럽 라운지

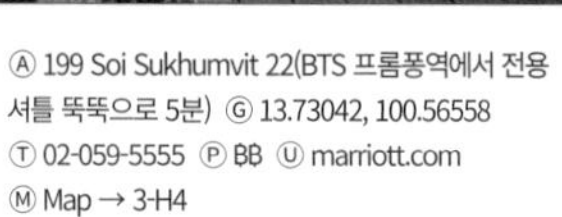
Ⓐ 199 Soi Sukhumvit 22(BTS 프롬퐁역에서 전용 셔틀 뚝뚝으로 5분) Ⓖ 13.73042, 100.56558
Ⓣ 02-059-5555 Ⓟ BB Ⓤ marriott.com
Ⓜ Map → 3-H4

Ⓐ 28 Charoen Krung Rd(BTS 사판 딱신역에서 전용 셔틀 보트로 5분)
Ⓖ 13.71104, 100.50931 Ⓣ 02-307-8888 Ⓟ BB
Ⓤ chatrium.com/chatrium/riversidebangkok Ⓜ Map → 5-H1

Ⓐ 250 Soi Sukhumvit(BTS 아속역, MRT 수쿰빗역에서 도보로 1분)
Ⓖ 13.73732, 100.55905 Ⓣ 02-649-8888 Ⓟ BBB
Ⓤ marriott.com Ⓜ Map → 3-H2

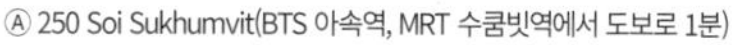

5 Hyatt Regency Bangkok Sukhumvit
하얏트 리젠시 방콕 수쿰빗

BTS 아속역과 나나역 사이에 위치한 호텔로 훌륭한 입지 조건을 자랑한다. 인근의 호텔과 비교해 비교적 지어진 지 얼마 되지 않아 깔끔한 것이 최대의 장점. 30층의 루프톱 바는 멋진 전망과 합리적인 가격으로 이용해 보길 적극 추천한다. 클럽 룸을 운영 중이다.

NEARBY.
터미널 21

SERVICE.
스펙트럼 라운지 & 바(p.098), 수영장, 24시간 피트니스 센터, 스파, 클럽룸

Ⓐ 1 Soi Sukhumvit 13(BTS 아속역, MRT 수쿰빗역에서 도보 5분, BTS 나나역에서 도보 1분)
Ⓖ 13.73968, 100.55699
Ⓣ 02-098-1234 Ⓟ BBB Ⓤ hyatt.com
Ⓜ Map → 3-H1

6 Sheraton Grande Sukhumvit
쉐라톤 그랜드 수쿰빗

BTS 아속역 바로 옆에 위치한 쉐라톤 그룹의 호텔. 1996년에 오픈했으며 총 33층, 429개의 객실을 보유하고 있다. 고급스러운 외관과 라운지를 자랑하며, 고풍스러운 룸은 다소 오래되었지만, 지속적인 리노베이션을 통해 잘 관리되고 있다는 느낌을 준다. 도심 속 여유를 만끽할 수 있는 초록빛 가득한 수영장은 태국 전통 분위기가 물씬 난다. 또한 피트니스 센터에서 무료로 다양한 참여형 프로그램을 제공하니 미리 체크해 보자.

NEARBY.
터미널 21

SERVICE.
수영장, 피트니스 센터, 공항 픽업/샌딩 서비스, 사우나, 스파, 베이비 시터 서비스, 비즈니스 센터

NEARBY.
더 커먼스, 톱스 마켓

SERVICE.
전용 셔틀 뚝뚝, 수영장, 피트니스 센터, 온천, 사우나, 스파, 비즈니스 센터

7 Chatrium Hotel Riverside Bangkok
그랜드 센터 포인트
수쿰빗 55 통로

통로 메인길에 위치한 호텔. 근처에 괜찮은 레스토랑부터 카페, 바가 즐비해 입지 조건은 단연 최상. 다만 BTS 통로역에서는 거리가 좀 되는데, 불편함을 해소하기 위해 전용 셔틀 뚝뚝을 운행한다. 개방감 넘치는 인피니티 풀은 한켠에 우뚝 서 있는 나무로 인해 포토 스폿으로 사랑받고 있으며, 부대 시설 중 방콕 최초의 일본식 온천은 그랜드 센터를 넘어서 방콕의 자랑거리. 이곳에 묵는다면 꼭 경험해 보길 추천한다.

Ⓐ 300 Soi Sukhumvit 55(BTS 통로역에서 전용 뚝뚝으로 5분)
Ⓖ 13.7317, 100.58243 Ⓣ 02-020-8000
Ⓟ BB Ⓤ grandecentrepointsukhumvit55.com Ⓜ Map → 3-H7

Ⓐ 81, 83 Soi Sukhumvit 12(MRT 수쿰빗역, BTS 아속역에서 전용 셔틀 뚝뚝으로 3분) Ⓖ 13.73513, 100.5582
Ⓣ 02-206-0999 Ⓟ B Ⓤ galleria12bangkok.com
Ⓜ Map → 3-H3

8 Galleria 12 Bangkok Hotel
갤러리아 12 방콕 호텔

2015년 하반기에 오픈한 모던하고 깔끔한 4성급 호텔. BTS 아속역 근처 가성비 좋은 숙소를 찾는다면 추천한다. 역에서는 거리가 조금 있지만, 대로변까지 운행하는 전용 셔틀 뚝뚝 서비스를 제공해 편리하다. 조식 레스토랑 옆으로 수영장이 있다.

NEARBY.
터미널 21

SERVICE.
전용 셔틀 뚝뚝, 수영장, 피트니스 센터

NEARBY.
짐 톰슨의 집, 방콕 예술문화센터, 시암 쇼핑센터 거리

SERVICE.
탄 레스토랑(p.089), 수영장, 피트니스 센터, 베이비 시터 서비스, 클럽 라운지, 비즈니스 센터

9 Siam@Siam Design Hotel
시암@시암 디자인 호텔

BTS 내셔널 스타디움역에서 도보 1분 거리에 위치한 4성급 호텔. 독특한 인테리어의 룸은 왜 이곳이 '디자인' 호텔인지 납득하게 한다. 시암 쇼핑센터 거리 시작점에 위치해 있어 쇼핑을 좋아한다면 더할 나위 없는 위치.

Ⓐ 865 Rama I Rd(BTS 내셔널 스타디움역에서 도보 1분)
Ⓖ 13.74709, 100.52706 Ⓣ 02-217-3000
Ⓟ B Ⓤ siamatbangkok.com Ⓜ Map → 6-H1

Ⓐ 90 Soi Sukhumvit 24(BTS 프롬퐁역에서 전용 셔틀 뚝뚝으로 5분)
Ⓖ 13.72439, 100.56672 Ⓣ 02-302-5555 Ⓟ BB
Ⓤ marriott.com Ⓜ Map → 3-H5

10 Marriott Executive Apartments
메리어트 이그제큐티브 아파트먼트

메리어트 그룹의 레지던스형 호텔. BTS 프롬퐁역과 호텔 사이를 전용 셔틀 뚝뚝으로 연결한다. 레지던스형인 만큼 널찍한 실내를 자랑하며, 룸에 세탁기와 건조기, 그리고 주방 시설이 완비되어 있어 장기 투숙객에게 특히 추천한다. 호텔 옆으로 주차장 건물이 있는데 가장 위층에 테니스 코트와 퍼팅 연습장이 있다.

NEARBY.
엠쿼티어, 엠포리움

SERVICE.
수영장, 헬스장, 사우나, 베이비 시터 서비스, 키즈클럽, 비즈니스 센터, 테니스 코트, 퍼팅 연습장

ATTRACTIVE SUBURBS

과거를 온전히 품은 아유타야와 깐짠나부리, 그리고 물 위에 시장이 형성된 암파와까지. 방콕의 근교 도시는 오랜 시간 동안 변함 없는 모습으로 수많은 여행객들을 마주하며 그들만의 시간을 쌓아 나간다. 아름다운 자연 속에서 쌓아온 이들의 이야기는 짧은 시간 머물다 지나가는 이들의 마음마저 사로잡기 충분하다.

01

AYUTTHAYA : 아유타야

02

KANCHANABURI : 깐짜나부리

03

AMPHAWA FLOATING MARKET : 암파와 수상시장

Kanchanaburi 깐짜나부리 - Death Railway 죽음의 철도

이곳에 머리 없는 불상이 많은 이유는 미얀마군들이 전리품으로 삼았기 때문. 또한 전쟁 이후 도굴꾼들이 훔쳐가는 일도 빈번했다.

TIP.

아유타야의 유적지는 대부분 불교 사원으로 이루어져 있어 복장에 주의해야 한다. 짧은 치마나 반바지, 민소매, 슬리퍼 등을 착용하고 방문할 시 입장을 거부당할 수 있다. (입구에서 옷 구매 가능, 100~150밧)

아유타야 가는 법

1. 버스

BTS Mo Chit 역으로부터 2km 정도 떨어져 있는 모칫뉴밴터미널에서 아유타야 행 버스를 운행한다. 일명 롯뚜라고 부르는 미니밴을 타고 이동하며, 교통 체증이 심하지 않다면 아유타야까지 1시간에서 1시간 30분 소요된다.

2. 기차

후아람퐁역 기차역에서 아유타야까지 이어지는 기차를 운행한다. 기차역은 MRT 후아람퐁역에 내리면 바로 만날 수 있어, 방콕 시내에서도 쉽게 찾아갈 수 있다. 아유타야 역까지는 1시간 40분에서 2시간 정도 소요된다.

3. 투어 상품

아유타야 내외에서의 이동이 편리하고 한국어 가이드 서비스까지 있어 많은 여행객이 투어 상품을 이용한다. 보통 아속역 등 방콕 시내에 집결해 함께 투어 버스를 타고 아유타야까지 간다.

돌아다니는 방법

아유타야는 유적지 간의 거리가 멀지는 않지만 도보로는 움직이기 어렵다. 대부분의 여행자들은 자전거나 뚝뚝을 대여하는 편. 자전거로 왓 마이탓부터 시작해 왓 프라마하탓, 왓 라차부라나, 왓 프라람, 왓 로까이쑤타람 등 유명 사원과 유적지를 둘러볼 수 있다.

1 Ayutthaya
도시의 박제된 시간, 아유타야

태국의 과거를 이야기할 때 빠지지 않고 거론되는 도시, 아유타야. 1350년경에 건립된 이 도시는 수코타이 왕족에 이어 타이 족의 두 번째 왕국이 거점을 잡은 수도이다. 수많은 건축물과 사원을 세우며 막강한 왕권을 자랑하던 왕국은 400년간 지속되다 1767년 미얀마에게 침략을 받아 멸망하며 역사 속으로 사라졌다. 이후 정글 속에 파묻혀 사람들의 기억 속에 차차 잊혀가던 도시의 시간은 유네스코에 의해 하나씩 발굴되며 다시 흐르기 시작했다.

a. Wat Mahathat 왓 마하탓

아유타야의 오래된 사원은 대부분 미얀마의 침략에 의해 파괴되었지만 이곳은 아유타야 왕국 초기에 세워진 사원임에도 온전하게 남아 있다. 이곳에서는 개성 있는 불상과 탑들이 세워져 있는데, 가장 유명한 것은 보리수 나무 뿌리에 감싸져 있는 불상의 얼굴이다. 전쟁 중에 잘려진 불상의 머리가 보리수나무에 놓였고, 세월이 지나 나무가 무성해져 지금의 모습을 갖게 되었다.

Ⓐ Wat Mahathat, Naresuan Rd, Tha Wasukri Ⓖ 14.357194, 100.567543
Ⓗ 08:00-18:00 Ⓣ 083-265-9445 Ⓟ 외국인 입장료 50밧

b. Wat Phra Si Sanphet 왓 프라 시 산펫

아유타야에서 가장 큰 규모를 자랑하는 사원. 과거 국가적인 종교 의식이 이루어졌던 왕가의 전용 사원이다. 이곳에는 3개의 체디(종 모양의 탑)가 자리하고 있다. 또한 16m 높이의 금으로 된 거대한 불상이 있었는데, 미얀마군이 점령한 후 불상을 덮고 있는 금을 녹여 가져갔다고 전해진다.

Ⓐ Pratu Chai Sub-district, Phra Nakhon
Ⓖ 14.355967, 100.558911 Ⓗ 08:00-18:00
Ⓟ 외국인 입장료 50밧

d. Wat Lokayasutharam 왓 로까야수타람

42m에 달하는 대형 와불상이 있는 사원. 사원 건물은 터만 흔적으로 남아 있고 불상만이 거대한 존재감을 나타내며 누워 있다. 외부에 노출되어 있다 보니, 불상이 보냈을 세월의 흔적을 고스란히 느껴진다.

Ⓐ Uthong Rd, Tambon Pratuchai
Ⓣ 035-246-076 Ⓗ 08:00-16:30
Ⓟ 무료

c. Wat Ratchaburana 왓 랏차부라나

왓 마하탓과 마주하고 있는 왓 랏차부라나는 아유타야의 7대 왕과 그의 동생의 화장터 위에 세워진 사원이다. 거대한 탑과 체디가 자리하고 있으며, 상당수의 보물이 발견되어 당시 풍족했던 생활을 엿볼 수 있었다. 인근 탑들과 달리 내부가 개방되어 탑을 올라갈 수 있다.

Ⓐ Phra Nakhon Si Ayutthaya District, Phra Nakhon
Ⓖ 14.359013, 100.567200 Ⓗ 08:00-18:00
Ⓟ 외국인 입장료 50밧

NEARBY.

Vihan Phra Mongkhon Bophit 위한 프라 몽콘 보핏

15세기에 만들어진 대형 불상 프라 몽콘 보핏을 모시고 있는 사원. 빨간색과 금색으로 이루어진 외관이 특징인 곳이다. 1767년 미얀마에 의해 파괴되었다가 1956년 미얀마의 기부금으로 복구되었다.

Ⓐ Pratu Chai Sub-district, Phra Nakhon
Ⓖ 14.355165, 100.558242
Ⓗ 08:00-18:00

시간이 있다면 여기도

Bang Pa-In Royal Palace 방파인 여름 별궁

아유타야 왕 말기 지어진 궁전으로, 왕족이 여름 휴가를 보내는 별궁이었다. 커다란 호수를 중심으로 그리스, 이태리, 고대 중국, 태국 전통 건축물들이 조화를 이루며 아름다운 경관을 자랑한다. 이곳에서는 사진 촬영이 제한되는데, 건물 실내 촬영을 금지한다.

Ⓐ Ban Len, Bang Pa-in District
Ⓖ 14.232961, 100.579402 Ⓗ 08:00-16:00
Ⓣ 035-261-044

PLUS.

코끼리 트레킹

트레킹에 투입되는 코끼리들은 복종을 강요 받으며 어릴 때부터 훈련을 받는다. 일명 피잔의식이라 불리는 이것은 어린 코끼리를 좁은 방에 가둬 뾰족한 꼬챙이로 계속해서 찌르는 행위이다. 코끼리에게 사람에 대한 두려움을 심어주는 이 과정 속에서 절반 이상의 코끼리가 죽는다. 즉, 코끼리 트레킹은 학대의 결과이자 과정이다.

e. Wat Chaiwatthanaram 왓 차이왓타나람

아유타야의 4대 왕이 어머니를 추모하기 위해 건립한 사원으로, 아름답기로 꼽히는 곳이다. 과거에는 왕실 전용 사원이자 왕족의 화장터로 사용되었지만 현재는 짜오프라야강 서편에 자리하고 있다는 점에서 일몰을 바라보는 스폿으로 유명하다.

Ⓐ Ban Pom, Phra Nakhon Ⓖ 14.343155, 100.541790
Ⓗ 08:00-18:30 Ⓟ 외국인 입장료 50밧

2 Kanchanaburi
과거의 상흔을 더듬다,
깐짜나부리

제2차 세계 대전은 많은 국가들에게 전쟁의 상처를 입혔고, 이는 태국도 마찬가지였다. 그중 대표적인 도시가 깐자나부리이다. 전쟁 당시 일본군은 육로를 통해 군수물자를 운반하고자 했고, 미얀마와 국경을 맞대고 있는 깐자나부리에 철도를 설치했다. 이 때, 철도 건설에 많은 이가 무자비하게 투입되었고 희생되었다. 지금은 아름다운 자연의 모습을 간직한 채 평화로운 분위기가 흐르지만, 여전히 그 때의 아픔이 서려 있는 장소들을 만날 수 있다.

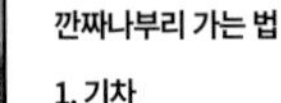

PLUS.

Erawan Waterfall 에라완 폭포
에라완 국립 공원에 자리한 폭포. 국립공원에는 7개의 폭포가 있다. 열대 우림으로 둘러싸인 아름다운 계곡에서 물놀이를 즐길 수 있다. 다만 음식물은 반입할 수 없으니, 미리 끼니를 해결하고 들어갈 것.

Ⓐ Tha Kradan, Si Sawat District Ⓖ 14.368900, 99.143943
Ⓗ 08:00-16:30 Ⓟ 외국인 입장료300밧 Ⓜ Map → 7-C-1

a. Death Railway 죽음의 철도

일본군이 군수물품을 실어 나르기 위해 건설했던 철로로, 태국에서 미얀마까지 415km에 달하는 철도를 불과 15개월만에 건설했다. 무리한 작업에 수많은 영국인 포로들과 현지인들이 투입되어 목숨을 잃었다. 영화 <콰이강의 다리>의 배경으로 유명해진 철교를 직접 걸어볼 수 있으며, 철도의 일부를 지날 수 있는 열차를 직접 타볼 수 있다. 열차는 절벽 옆을 아슬아슬하게 지나며 왜 철도 건설이 수많은 사람의 목숨을 빼앗았는지 보여준다.

Ⓐ Maenamkwai Rd, Tha Ma Kham Ⓖ 14.041081, 99.503717
Ⓗ 깐짜나부라-남톡 / 남톡~ 깐짜나부리 왕행 열차 하루 세 번 운행
Ⓟ 100밧

b. Kanchanaburi War Cemetery 연합군 묘지

콰이강의 다리를 건설하다 전사한 연합군 포로의 묘지. 벽면을 가득 채운 전사자들의 명단과 푸릇푸릇한 잔디로 덮인 묘지가 적막한 분위기를 자아내며 전쟁의 아픔을 상기시킨다.

Ⓐ 284/66 Sangchuto Rd, Ban Tai, Ⓖ 14.031698, 99.525560
Ⓗ 08:00-17:00 Ⓜ Map → 7-B-1

깐짜나부리 가는 법

1. 기차
톤부리역에서 깐짜나부리 행 기차를 운행한다. 2시간 30분 정도 소요된다.

2. 버스
에까마이동부터미널, 싸이따이마이남부터미널, 북부에 자리한 모칫뉴밴터미널에서 깐짜나부리 행 버스를 탈 수 있다. 모칫뉴밴터미널에서 깐짜나부리 터미널로 가려면 깐짜나부리 행, 여행자거리로 가려면 랏야행 미니밴을 타면 된다. 교통 상황에 따라 다르지만, 보통 3시간 정도 걸린다.

3. 투어
방콕 시내에서 집결해 깐짜나부리로 향하는 당일치기로 상품을 이용하면 좀 더 편하게 깐짜나부리를 여행할 수 있다.

*** 깐짜나부리 내에서 주요 교통수단은 썽태우이다. 운영 시간대가 가장 많고 저렴하다. 그러나 편리성을 위해 택시를 렌트해 이용하는 경우가 많다.**

3 Amphawa Floating Market
강을 가르며, 암파와 수상시장

짜오프라야 강이 도심 한복판을 가로지르는 방콕. 이 물길은 인근 도시까지 닿았고, 예로부터 방콕 사람들은 이를 이용해 운하를 만들어 짐을 실어 날랐다. 그리고 물자가 오가고 사람이 모이는 곳에 시장이 형성되는 것은 당연한 순서! 그러나 방콕 인근 운하를 중심으로 형성된 시장이 다른 일반적인 시장과 달리 색다른 것은 물 위에 자리하고 있기 때문이다. 주말마다 이색적인 시장을 누리기 위해 수많은 사람들이 너도나도 수상보트를 탄다.

암파와 수상시장 가는 법

1. 버스
모칫미니밴버스터미널에서 매끌렁과 암파와 수장시장으로 향하는 미니버스(롯뚜)를 운행한다. D건물에서 티켓을 구입하면 되고 1시간 30분 정도 소요된다.

2. 투어 상품
대부분의 여행자들은 투어 상품을 통해 수상시장을 찾는다. 방콕 시내나 숙소로 픽업 차량이 오며, 일몰과 반딧불이 투어까지 구경하고 돌아오는 일정이다.

돌아다니는 방법
수상시장 안에서는 도보나 수상보트를 타고 이동한다.

a. Amphawa Floating Market
암파와 수상시장

운하를 중심으로 형성된 시장이다. 담넌사두억 수상시장이 주로 관광객에 초점이 맞춰져 있다면, 이곳은 관광객뿐만 아니라 현지인도 많이 찾는 것으로 유명하다. 이 때문인지 저렴한 가격대를 형성하고 있다. 강의 양 옆으로 나란히 매대가 이어져 있으며, 보트 위에서도 다양한 먹거리와 기념품을 판매한다. 이곳에서는 수상가옥에서 실제로 생활하는 현지인들의 모습도 볼 수 있다. 11월에서 2월 사이에는 밤마다 반짝이는 반딧불이 하늘을 가득 채워 반딧불이 투어로도 유명하다. 그러나 이 외의 시기에 방문한 이들은 잘 보이지 않는 반딧불에 실망하는 경우도 종종 있다.

Ⓐ Amphawa, Amphawa District
Ⓖ 13.425900, 99.955280 Ⓣ 086-836-1445
Ⓗ 금-일 11:00-21:30

PLUS.

Damnoen Saduak Floating Market
담넌사두억 수상시장

방콕 인근 수상시장 중 암파와 만큼 유명한 곳이다. 보트를 타고 시장 안으로 들어가면 운하를 따라 상점들이 즐비하게 서 있고, 보트를 상점 삼아 과일, 쌀국수와 같은 먹거리를 판매하기도 하다. 보트와 보트 사이로 거래가 오가는 이색적인 체험을 즐길 수 있다. 다만 관광객들을 상대로 가끔 터무니없는 가격을 부를 때도 있으니 잘 확인할 것.

Ⓐ Damnoen Saduak, Damnoen Saduak District, Ratchaburi 70130 Ⓖ 13.520445, 99.959440
Ⓗ 07:00-17:00 Ⓣ 085-222-7470

Traveler's Note

"태국의 수도, 방콕을 표현하는 상징적인 숫자들을 통해 도시의 스토리에 귀 기울여 보자."

6 hours

한국 인천국제공항에서 방콕 수완나품 국제공항까지 비행기로 6시간이면 도달한다. 인기 여행지인 만큼 많은 여행사에서 직항편을 운항해 시간별, 가격별 선택지가 많은 편!

1,569km^2

50개 구로 이루어진 메트로폴리탄 방콕의 면적은 1,569km^{2}로 서울의 약 2.5배에 달한다. 하지만 여행 시 주로 방문하게 되는 지역은 시내 중심부에 한정되어 있다.

33 °C

방콕의 평균 최고 기온은 33도. 최저 기온도 25도에 달하며 연중 한국의 한여름과 비슷한 날씨를 보인다. 연중 4~5월이 제일 덥고 11월부터 4월은 건기, 5월부터 10월은 우기에 해당된다.

2.278 millions

연중 방콕을 찾는 여행자 수는 무려 2,278만 명. 방콕의 인구가 광역권까지 포함해 1,400만 명 정도인 것에 비하면 얼마나 많은 수의 여행자들이 이곳을 찾는지 알 수 있다.

97%

1997년, 태국 정부는 종교 선택의 자유를 인정하며 불교를 국교에서 해제했지만, 여전히 태국인의 95%가 불교를 믿는다. 사고방식이나 라이프스타일도 불교에서 유래한 것이 많다.

100

방콕에 있는 5성급 호텔의 수는 약 100개. 5성급 호텔을 다양한 선택지 안에서 여행의 성향, 그리고 예산에 맞춰 고를 수 있는 것은 방콕 여행의 즐거움 중 하나.

400

방콕에 있는 사원 수는 400여 개. 이는 불교 사원만 포함한 것으로, 만일 힌두 사원과 교회 등을 합치면 대략 500개라고 할 수 있다.

1st

방콕의 교통 혼잡도는 전 세계 1위. 방콕 전체 면적의 4%만이 도로라고 하니, 어찌 보면 당연지사.

2024년(불기 2568년) 태국 공휴일

월	일	공휴일
1월	1일	새해 첫날
2월	**24일**(25)	마카부처의 날
4월	6일(8)	짜끄리왕조 기념일
4월	13일-16일	송끄란
4월	25일	권농일
5월	1일	노동절
5월	**4일**(6)	국왕 대관식
5월	23일	석가탄신일
6월	**3일**	현 왕비 생일
7월	20일(22)	불교 사순절
7월	28(29)	현 국왕 탄신일
8월	12일	어머니의 날
10월	13일(14)	푸미폰 전 국왕 추모일
10월	23일	현충일
12월	**5일**	아버지의 날
12월	10일	제헌절
12월	31일	제야

※ 괄호는 대체 휴일, 굵은 글씨는 주류 판매 금지일.

Check List

"방콕에 관한 이해를 높여 줄 기본 정보를 모았다.
여행에 앞서 반드시 체크하면 불안함도 끝!"

Greeting

태국에서는 기본적으로 합장을 하며 '사와디카' 하고 인사한다. 이 자세를 '와이'라고 하는데, 가슴께에 올리고 하는 것이 기본. 상대의 나이나 지위가 자신보다 높다면 이 와이의 위치를 그보다 높게 잡아야 한다. 한 가지 주의할 점은 얼굴이나 그 이상 올려서 하는 와이는 스님에게 하는 것이니 실수하지 않도록!

Plug

태국의 전압은 220V에 50Hz를 사용해 변압기 없이 한국의 가전제품을 그대로 사용할 수 있다. 다만 숙소에는 사용할 수 있는 콘센트 수가 한정되어 있으니, 스마트폰부터 카메라, 휴대용 충전기 등 충전할 것이 많은 사람이라면 작은 멀티탭을 하나 정도 가지고 가면 도움이 된다.

Exchange

환전은 웬만하면 한국에서 모두 해 가도록 하자. 예상보다 현금을 많이 써서 부족할 것 같다면 신용카드를 적절히 사용해 금액을 맞추는 것이 낫다. 그래도 현금이 필요한 상황이 온다면 ATM을 이용하면 되는데, 아무리 소액을 뽑아도 수수료가 220밧, 한화로 8,000~9,000원 정도인 게 흠.

Cash

방콕의 화폐 단위는 밧. 환율은 1밧=40원 정도. 지폐는 20밧, 50밧, 100밧, 500밧, 1,000밧으로 총 다섯 가지이며 동전은 1밧, 2밧, 5밧, 10밧으로 네 가지이다. 사실 1밧보다도 작은 25사땅, 50사땅 동전이 있는데(100사땅=1밧), 거의 사용하지 않아 볼 일이 없다.

Drinking Restrictions

태국의 마트, 편의점 등에서는 법적으로 오전 11시부터 낮 2시, 오후 5시 자정까지만 주류를 판매할 수 있다. 음식점이나 카페, 바에서는 이와 무관하게 주류를 판매한다. 다만 불교 관련 주요 휴일에는 마트와 편의점은 물론 바에서도 주류 판매가 금지된다. 현지 사정으로 갑자기 금지일로 지정되기도 한다.

Be Careful

방콕의 치안은 나쁘지 않은 편이다. 다만 뚝뚝 혹은 택시 비용 바가지나, 왕궁 문이 닫혔으니 다른 곳을 보여주겠다며 돈을 요구하는 등의 각종 사기에는 유의하는 것이 좋다. 또한, 태국에서는 다른 건 몰라도 큰 목소리를 내면 큰 싸움으로 번질 수 있으니 조심하자.

Tip

사실 태국에 딱 정해진 팁 문화는 없다. '감사 표현' 정도로 이해하면 마음이 편하다. 방콕을 여행하며 팁을 꺼내게 되는 순간은 마사지를 받고 나서 만족했을 때, 투어 혹은 픽업 차량을 이용했을 때, 그리고 택시 기사에게 잔돈 안 받기 정도. 팁은 금액의 10%가 적당하다.

language

기본 언어는 태국어. 하지만 워낙 여행자들이 많이 찾는 도시이다 보니 아주 작은 로컬 식당에 가더라도 영어 메뉴판은 기본으로 구비되어 있고, 주문도 간단한 영어는 통하는 곳이 많다. 하지만 태국어 기본 인사는 꼭 외워 가자. 사와디카(안녕하세요), 컵쿤카(감사합니다)면 더욱 반갑게 맞이해 줄 것이다. 참고로 남자일 경우 카를 캅으로 바꿔 말해야 한다.

City of Change

방콕은 변화무쌍한 도시이다. 매일 같이 새로운 가게가 생기고 없어지고를 반복한다. 영업시간이나 가격이 바뀌는 건 기본이고 가게 콘셉트가 바뀌는 일까지 있다. 허탕 치는 일을 줄이기 위해서는 방문 전 반드시 공식 웹사이트나 SNS를 체크해 볼 것.

Season Calendar

"연중 여름 도시, 방콕. 건기의 저녁이 아무리 시원해도 한국의 여름밤과 닮았다.
이열치열이라 했던가. 방콕을 방문하는 자, 더위를 즐겨라!"

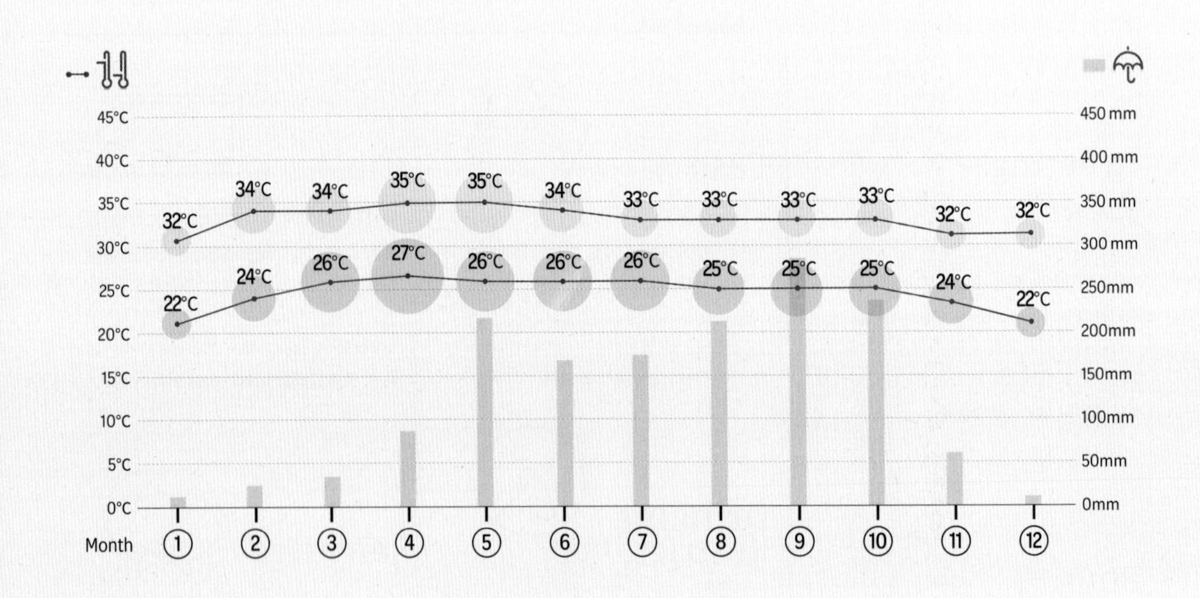

11~3

11~3월 건기

방콕을 여행하기에 최적의 시기. 개인차는 있겠지만, 추운 한국을 벗어나 방콕에 도착하면 오히려 따듯하게 느껴질 정도이다. 한낮의 뜨거운 햇볕은 여전히 따갑지만, 이 시간대만 비켜나면 선선하게 다닐 수 있다. 낮은 습도 덕분에 끈적이지 않아 한국의 한여름과 비교하면 참을 만하다. 다만, 여행하기 좋은 만큼 숙박비는 비수기의 두 배가 되고 어딜 가도 사람이 많다.

4~5

4~5월 혹서기

방콕커들도 혀를 내두르는 가장 뜨거운 시기. 그중 4월은 '송끄란'이라고 하는 물의 축제가 열릴 정도로 무덥다. 심지어 태국을 대표하는 이 행사 덕분에 숙박비마저 성수기 가격. 그래도 가장 액티브한 방콕을 만날 수 있기에 놓칠 수 없다. 이때부터 5월까지는 비슷한 기온이 유지되는데, 5월은 우기의 시작으로 끈적임이 추가된다. 하지만, 점점 저렴해지는 숙박비는 여행을 부추긴다.

6~10

6~10월 우기

우기 하면 우리나라의 장마를 떠올릴지도 모르지만, 많이 다르다. 하루에 한두 번 스콜이 내리는 정도인데, 대부분 한 시간 내로 그쳐 굳이 우산을 들고 다닐 필요가 없다. 비가 내리기 시작하면 근처 카페에 들어가 잠시 멈추면 그만이니까. 대신 비가 쏟아지면 몇 시간은 교통이 마비돼 택시 이용은 포기하는 게 좋다. 성수기에 비해 숙박비가 저렴해 같은 예산이어도 더 좋은 호텔에 묵을 수 있다.

Festival

"현재를 즐길 줄 아는 태국인들은 연중 흥 넘치는 축제를 진행한다.
그중에서도 여행 전 꼭 체크했으면 하는 축제들을 모았다."

January

Chinese New Year
춘절

타이-차이니즈들이 음력으로 신년을 축하하는 축제. 이 기간에 차이나타운을 방문하면 중국 전통의 드래곤 퍼레이드와 다양한 공연을 볼 수 있다. 다만, 춘절을 맞이해 쉬는 가게들이 많아 꼭 가고 싶었던 가게는 문을 닫았을지도 모르겠다.

September(음력)

Vegetarian Festival
채식 축제

매년 음력 9월 초, 9일간 열리는 축제. 이 기간에만 태국 전역에 1조 원가량 현금 유통이 이루어진다고 할 정도로 활성화된 축제. 이 시기에 방콕을 찾았다면 차이나타운으로 가보자. 채식 기간임을 알리는 노란색 현수막이 즐비하고, 음식점은 물론 노상에서도 중국식 채식 메뉴 판매에 열을 올린다.

November

Loy Krathong
러이 끄라통

태국의 한가위 축제. 바나나 잎을 연꽃 모양으로 만든 '끄라통'에 촛불을 피우고 공물을 넣어 불운을 정화하기 위한 제물로 강에 떠내려 보낸다. 이 시기에 방코글 방문한다면 무조건 짜오프라야강 근처의 호텔에 묵기를 바란다. 별빛처럼 반짝반짝 일렁이는 짜오프라야강은 환상적인 아름다움을 자랑한다.

April

Songkran Festival
송끄란

'물총 싸움 축제'로 알려졌지만, 사실 태국력을 기준으로 한 '신년' 축제이다. 태국에서 물은 재운과 행운을 부르는 의미를 가지고 있어, 물총을 들고 물을 쏘는 것은 '행운'을 쏴 주는 것과도 같다. MRT 실롬역부터 BTS 총논시역까지 거리와 BTS 시암역의 시암 스퀘어 뒤쪽 길, 아시아티크, 아이콘시암, 그리고 카오산 로드에서 행사가 진행된다.

October

Bangkok Art biennale
방콕 아트 비엔날레

2년 주기로 방콕에서 열리는 아트 비엔날레. 총 4개월에 걸쳐 진행되며 도시 전체가 예술과 창의성, 그리고 문화를 담은 허브로 변신한다. 갤러리는 물론 공공장소, 랜드마크에서 세계 각지에서 모여든 예술가들의 작품과 공연을 관람할 수 있다.

December

The King's Birthday
아버지의 날

전 국왕이었던 라마 9세의 탄생을 매년 12월 5일 축하한다. 화려한 불꽃 놀이는 물론 왕궁 근처에서 그의 삶을 기록한 다양한 전시가 펼쳐진다. 태국 사람들의 라마 9세를 향한 존경과 숭배를 가장 가까이서 경험할 수 있는 행사이다.

Transportation

"세계에서 도로가 가장 혼잡한 방콕! 방콕을 여행할 때 제일 빠르고 정확하게 목적지까지 데려다 줄 교통 정보를 모았다."

인천-방콕

1. 방콕 수완나품 국제공항 Bangkok Suvarnabhumi Airport

태국 도심에서 동쪽으로 30km 정도 떨어진 곳에 위치한 국제공항. 2006년 완공 이후 방콕의 전 국제 노선을 담당해 왔으나, 2012년부터 일부 항공 노선을 구 국제공항이었던 돈므항 공항에 넘기기 시작했다. 현재는 대한항공, 티웨이, 에어아시아 등 몇 항공사가 돈므앙 공항을 일부 이용하고 있다.

2. 인천-방콕 취항 항공사

인천에서 방콕까지는 직항편의 경우 5시간 40분에서 6시간 정도 소요된다.

직항 : 타이항공, 대한항공, 아시아나항공, 티웨이항공, 이스타항공, 진에어, 제주항공, 한에어, 에어아시아(공항)

경유 : 마카오항공(마카오 경유), 홍콩항공(홍콩 경유), 캐세이퍼시픽항공(홍콩 경유), 중국동방항공(상하이 경유), 중국남방항공(광저우 경유), 중국국제항공(천진 경유), 중화항공(타이베이 경유), 베트남항공(하노이 경유), 비엣젯항공(호치민 경유)

공항에서 시내까지

1. 퍼블릭 택시 Public Taxi

도착층보다 한 층 아래인 1층에 퍼블릭 택시 탑승장이 있다. 가까운 거리 택시 SHORT DISTANCE(10km 이하)와 보통 택시 REGULAR TAXI와 대형 택시 LARGE TAXI로 줄이 나뉘는데 이용할 택시를 선택해 티켓 발매기에서 기사를 배정받는다. 인쇄된 번호표와 동일한 번호의 승강장에서 택시를 이용하면 되며, 비용은 미터기 가격에 배정비 50밧, 그리고 고속도로를 이용했다면 통행료를 추가로 지불해야 한다. 퍼블릭 택시는 미터기를 켜지 않는 흥정 택시 문제를 해결하기 위해 공항에서 도입한 시스템이지만, 잘 유지되고 있는지는 물음표. 퍼블릭 택시를 이용했음에도 기사가 미터기를 켜지 않았다는 후기도 간혹 보이니 참고할 것. 공항 4층에도 택시 승강장이 있는데 거의 모두가 미터기를 켜지 않는 흥정 택시이므로 추천하지 않는다. 도로 상황에 따라 소요 시간은 30분에서 1시간, 요금은 400~500밧 정도가 나온다.

2. 그랩 Grab

우리나라의 카카오택시와 같은 택시 호출 서비스, 그랩(p.140) 다른 점이 있다면 택시가 아닌 개인이 운영하는 차가 배정되는 경우가 많다는 것. 수완나품 공항의 경우 도착층이 아닌 출발층(4층) 4번 출구로 그랩이 온다. 그랩으로 택시 호출에 성공했다면 기사에게 그랩 내 메시지 시스템을 통해 현재 위치를 사진으로 찍어 보내는 것이 좋다. 택시와 달리 사전에 요금을 알 수 있으며, 카드를 등록해 놓으면 현금을 주고받을 필요도 없어 편하다. 다만, 호출에 연달아 실패하면 시간이 지체될 수 있다. 하차 시, 국도를 이용했다면 공항 톨비 25밧만, 고속도로를 이용했다면 여기에 추가로 통행료를 지불하면 된다. 도로 상황에 따라 소요 시간은 30분에서 1시간, 요금은 300~500밧 정도가 나온다.

3. 픽업 서비스 Pick Up Service

공항에서 원하는 목적지로 바로 이동할 수 있는 픽업 서비스. 각종 여행 플랫폼을 통해 예약할 수 있으며 간혹 호텔에서 자체적으로 픽업 서비스를 제공하기도 한다. 이 시스템의 가장 큰 장점은 머리 아픈 택시 미터기 확인, 그랩 잡고 차량 찾기 등을 할 필요 없다는 것! 그냥 비행기에서 내려 도착층의 4번 출구로 향하면 된다. 4번 출구 옆에서 서성이면 누군가가 와 이름을 물을 것이고, 10분 내로 픽업 기사가 도착할 것이다.

4. 에어포트 레일 링크 Airport Rail Link

수완나품 공항 지하층으로 내려가 푯말을 따라 이동해 티켓 발매기 또는 유인 판매소에서 티켓을 구입하면 된다. 목적지가 BTS와 연결된다면 파야 타이 Phaya Thai역, MRT와 연결된다면 막까산 Makkasan역에서 하차하여 페차부리 Phetchaburi역으로 환승하면 된다. 10~15분 간격으로 운행하며 파야 타이역까지 26분, 막까산역까지 22분이 소요된다.

수완나품-파야타이 평일 05:33-24:00, 주말 05:30-24:00
파야타이-수완나품 평일 05:30-24:00, 주말 05:29-24:00

Tip.
유심 구매하기
비행기에서 내려 수속을 마치고 도착층으로 나오면 유심 센터가 여행자들을 맞이한다. 여러 통신사가 있지만, 서비스와 요금이 대동소이하므로 가장 한산한 곳에서 구입하는 게 최고. 가격은 보통 8일 동안 15G를 쓸 수 있는 요금제가 299밧, 10일은 499밧, 15일에 399밧 정도. 사실 한국에서 미리 구입해 가는 게 제일 편하다.
또한, 태국 유심으로 갈아 끼운 동안 한국 번호는 쓸 수 없으니 업무 전화가 많은 사람이라면 주의할 것. 이 경우 와이파이 도시락과 같은 포켓 와이파이를 이용하거나 통신사에서 제공하는 데이터 로밍 서비스를 이용하는 게 좋다.

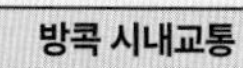

1. BTS

방콕 도심 곳곳을 연결하는 지상철로 러시아워 때는 이만한 교통수단도 없다. 노선은 수쿰빗 라인과 실롬 라인 딱 두 개뿐이어서 환승이라고 할 것도 없어 이용은 간편(시암역에서 환승 가능). 시암부터 통로, 짜뚜짝까지 여행자들이 가장 많이 찾는 지역은 물론이고 실롬-사톤 일대, 짜오프라야강 건너 톤부리까지 이어져 편리하다. 이용은 우리나라 지하철과 마찬가지로 자동 발매기나 유인 판매소에서 티켓을 구입해, 일회용 카드를 찍고 들어가면 된다. 나올 때는 기계에 넣으면 개찰구가 열린다.

시간 : 06:00-24:00(3-8분 간격)
요금 : 17밧~(신장 90cm 미만 아동 무료, 이상은 성인 요금), 원데이 패스 150밧

Tip.
BTS, 줄 서서 티켓 사지 마세요!
BTS 티켓 구매 시 자동 발매기의 경우 동전만 사용할 수 있는 기기가 많고, 유인 판매소는 이용객이 많은 시간에는 몇십 분씩 대기하는 일도 생겨 번거롭다. 이때 유용한 것이 바로 래빗 카드 Rabbit Card. 우리나라의 티머니 같은 개념의 카드로 보증금은 100B. 이 보증금은 환불되지 않는다. 구매와 충전은 BTS 역내 유인 판매소에서 가능하다.

2. MRT

BTS와 마찬가지로 블루 라인, 퍼플 라인 딱 두 개 라인이 운행 중이다. 그마저도 퍼플 라인은 외곽에 있어 탈 일은 없다고 봐도 무관. MRT는 보통 랏차다 롯파이 야시장에 가거나 차이나타운, 왕궁, 룸피니 공원에 갈 때 이용하게 된다. 수쿰빗역은 BTS 아속역, 페차부리역은 공항철도와 이어져 있어 환승 포인트로 잡으면 좋다. 이용 방법은 BTS와 같으나 일회용 카드 대신 검은색 토큰을 사용하는 것이 차이점.

시간 : 06:00-24:00(3-8분 간격)
요금 : 16밧~(신장 90cm 미만 아동 무료, 이상은 성인 요금의 50%)

Tip.
충전해서 편리하게
MRT도 BTS처럼 충전식 카드가 있다. 기본 구매비가 180밧인데 여기에는 100밧의 기본 충전 금액과 50밧의 보증금, 30밧의 발급 수수료가 포함되어 있다.

3. 택시 Taxi

확실히 방콕에서 태국어를 못 하는 외국이니 택시 타기란 쉽지 않은 일이다. 그래도 타야 할 일이 생긴다면 미리 숙지해야 할 것이 두 가지 있다. 바로 미터기와 잔돈이다. 택시에 올라타며 '헬로'라고 말을 거는 순간 정말 몇몇 드라이버를 제외하고는 대부분이 흥정을 요구한다. 무조건 미터기로 갈 것을 요구하고 거부하면 하차하는 게 좋다. 그리고 잘 탔다고 하더라도 잔돈이 충분하지 않으면 문제가 생길 수 있으니 탑승 전에 확인해야 한다. 500밧이나 1,000밧처럼 단위가 큰 지폐를 내면 잔돈을 받기까지 실랑이가 벌어질 확률이 높다.

요금 : 기본료 40밧

4. 그랩 Grab

택시 지옥 방콕에서 그랩은 여행자들에게 구세주와도 같은 존재. 택시보다 조금 비싸긴 하지만, 기분 좋은 여행을 위해서라면 충분히 투자할 가치가 있다. 스마트폰에 그랩 어플을 설치하고 이메일 주소와 핸드폰 번호로 인증하면 이용 준비 끝. 카드를 등록해 두면 현금을

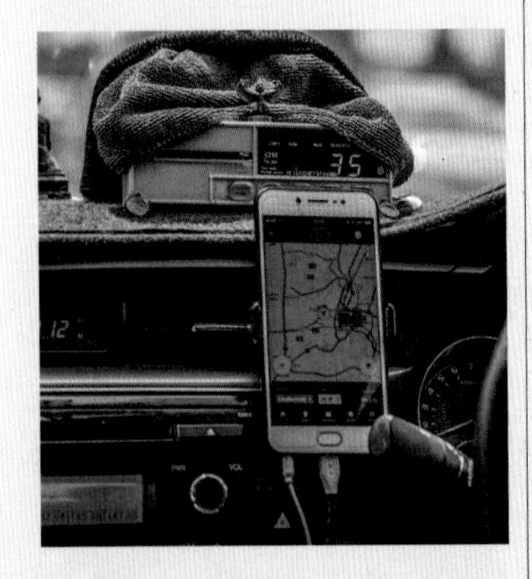

주고받지 않아도 돼 정말 편리하다. 호출 방법은 카카오 택시와 흡사하다. 현재 위치와 목적지를 지도상에 표시하고 콜 버튼을 누르면 되는데, 차량 선택 화면에서 그랩 택시를 부르면 택시가 오고 그랩 카를 부르면 일반 차량이 온다. 왕궁과 같이 그랩 이용이 제한되는 구역으로 이동할 때는 그랩 택시를 부르면 유용하다. 그랩 택시는 미터기 가격에 콜비 20밧을 추가로 지불하면 되며, 그랩 카는 호출 시 제시받은 요금만 지불하면 된다. 고속도로 비용은 별도. 최근에는 오토바이 택시 호출 서비스도 제공하고 있다.

5. 뚝뚝 Tuk Tuks

뚝뚝은 과연 교통수단일까? 길이 많이 막히는 시간이라면 교통수단으로서의 가치가 있을 수도 있지만, 기본적으로는 인력거와 같은 액티비티라고 생각하는 것이 편하다. 요금은 흥정하기 나름이라지만, 아무리 흥정을 잘해도 비용 면에서 택시나 오토바이 택시와 비교해 메리트가 없기 때문이다. 그래도 뚝뚝은 방콕에 들렀다면 꼭 한 번은 경험해 보고 싶은 즐길 거리 아닐지!

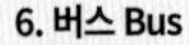

6. 버스 Bus

방콕커가 아니고서는 정말 이용하기 힘든 교통수단. 구글의 교통 정보도 믿을 수 없는 현실이니 말이다. 그래도 기회가 된다면 타 보자. 연식을 파악하기 어려울 정도로 낡은 버스를 타고 달리는 것도 색다른 경험이 될 것이다. 방콕의 버스에는 과거 우리나라에도 있었던 '차장'이 여전히 존재하며 그에게 요금을 목적지를 말하고 요금을 지불하는 시스템이다. 차장에게 받은 탑승권은 하차 시까지 잃어버리지 말고 꼭 소지해야 한다. 요금은 8~25밧 사이.

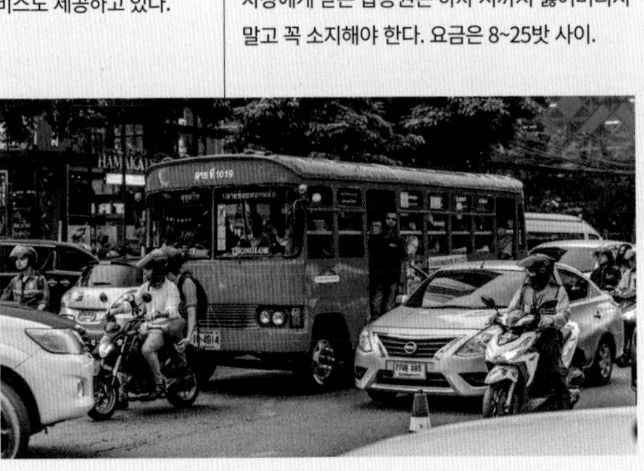

7. 오토바이 택시 Rap Chang

BTS나 MRT 주요 역 인근이면 어김없이 주황색 조끼를 입은 부대가 보인다. 바로 오토바이 택시 무리! 그들이 모여 있는 곳에 가면 요금표가 있어 원하는 곳까지 정해진 금액으로 이동할 수 있는데, 20~30밧 정도로 가격 저렴한 편이다. 길이 심하게 막히는 시간이나 택시로 가기도, 걸어가기도 애매한 거리라면 오토바이 택시만 한 교통수단도 없다. 오토바이에 올라탈 땐 무조건 왼쪽에서 올라탈 것. 오른쪽에 배기구가 있어 위험하다.

8. 짜오프라야 익스프레스 보트 Chaophraya Express

짜오프라야 강변을 따라 스폿 간 이동을 할 때 편리한 교통편. 초록, 파랑, 노랑, 주황색 깃발이 꽂힌 보트 혹은 없는 보트로 나뉜다. 깃발이 없는

보트는 모든 선착장에 정차하지만, 깃발이 있는 보트는 정차하는 선착장이 모두 다르니 목적지에 맞게 잘 타야 한다.

주요 역 : Sathorn(사톤), ICONSIAM(아이콘시암), RAJINEE(왓포), Wat Arun(왓아룬), Tha Chang(왓포, 방콕 왕국), Phra Arthit(카오산로드)
시간 : 06:00-19:00(10-20분 간격)
요금 : 오렌지보트 16밧, 옐로보트 그린보트 21밧, 레드/블루보트 30밧

Tip.
강 건너로 이동하고 싶을 때

강 건너편으로 이동하고 싶다면 짜오프라야 익스프레스가 아닌 크로스 리버 페리에 탑승해야 한다. 가장 간단한 예로, 왓 포에서 왓 아룬으로 넘어갈 때 타게 되는 바로 그 페리다. 비용은 4~5밧으로 저렴.

9. 홉온 홉오프 보트 HOP ON HOP OFF BOAT

여행자를 대상으로 하는 보트. 사톤, 아이콘 시암, 롱 1919, 빡끄롱 꽃시장, 왓 아룬, 왕궁, 톤부리역, 카오산로드 사이를 왕복하며 자유롭게 타고 내릴 수 있다. 24시간권, 48시간권, 72시간권으로 나뉘는데 가격은 짜오프라야 익스프레스 보트에 비해 비싼 편이지만 편하게 왕복할 수 있어 크루즈 하는 기분으로 즐기기에 나쁘지 않다.

요금 : 1회권 60밧, 24시간권 200밧, 48시간권 300밧, 72시간권 400밧

10. 운하 보트(센셉) Khlong Saen Saep

알아두면 러시아워 때 최고의 돌파구가 되어 줄 교통수단. 방콕 시내를 흐르는 운하 위 보트 센셉 이야기이다. 현재 골드 마운트, 니다 NIDA 두 노선을 운행 중이며 18km에 달하는 구간 사이, 40여 대의 보트가 운항 중이다. 중앙의 쁘라뚜남 Pratu Nam을 중심으로 동서로 운항하며, 쁘라뚜 남에서 같은 방향으로 더 가고 싶다면 한 번 내려서 환승해야 한다.

주요 역 : 왓 사켓 판파 리랏 Panfa Leelard, 짐 톰슨의 집 사판 후아 창 Sapan Hua Chang, 통로 메인길 소이 통로 Soi Thonglor
시간 : 05:30-20:30
요금 : 10~20밧

11. 무브 미(공유 전기 뚝뚝) Muv mi tuk tuk

최근 방콕 시민들과 여행자들 사이에서 저렴한 가격과 편의성으로 인기를 끌고 있는 이동 수단. 택시처럼 탈 장소와 내릴 장소를 직접 선택할 수는 없지만, 도시 곳곳에 무브 미 정류장이 생각보다 촘촘히 들어서 있어 크게 불편하지는 않다. 이용 방법은 간단하다. 먼저 무브 미 앱을 설치하고, 요금을 충전한다. 그리고 목적지와 탑승 인원을 선택한 뒤 배차를 기다린다. 정류장에 도착한 뚝뚝 내/외부에 게시되어 있는 QR코드를 스캔하면 끝. 무브미 뚝뚝이 이동할 수 있는 거리가 구역마다 정해져 있으므로, 하차할 정류장을 미리 꼭 확인해야 한다. 서비스를 이용하기 위해선 현지 번호(유심 등)가 필요하고, 교통 체증이 심한 시간대엔 대기 시간이 길어질 수 있다는 점을 기억하자.

요금 : 100밧부터 충전 가능(충전금은 환불되지 않으므로 주의)
1인당 20밧 내외(여러 명이 이용할수록 요금 낮아짐)

Plus.
맛보며 즐기는 방콕의 풍경
1. 타이 버스 푸드 투어 Thai Bus Food Tour

버스에 앉아 식사하며 방콕 시내를 둘러보는 신개념 투어. 런치 코스부터 애프터눈 티를 즐길 수 있는 코스, 디너 코스까지 다양하다. 유명 레스토랑의 맛을 그대로 옮겨와 퀄리티가 훌륭하다.

요금 : 런치 1,690밧, 애프터눈 티 1,490밧, 디너 1,890밧
www.thaibusfoodtour.com

2. 디너 크루즈 Diner Cruise

짜오프라야강 위로 샹그릴라 호라이즌 디너 크루즈부터 반얀트리 압사라 디너 크루즈, 그랜드펄 디너 크루즈 등 다양한 디너 크루즈가 운항 중이다. 종류와 가격, 분위기가 제각각이라 여행 플랫폼 사이트에서 비교해 보고 예약할 것을 추천한다.

몽키트래블 thai.monkeytravel.com
클룩 www.klook.com

- ★ Main Spot
- S Shop
- R Restaurant
- C Cafe
- B Bar
- D Dessert
- H Hotel
- E Exhibition
- M Massage
- MRT MRT
- BTS BTS

MAP

Bangkok

1. AROUND BANGKOK : 방콕 근교

2. BANGKOK : 방콕 개괄

3. SUKHUMVIT : 수쿰빗

4. RATTANAKOSIN & CHINATOWN : 라따나꼬신 & 차이나타운

5. SILOM & SATHORN : 실롬 & 사톤

6. SIAM : 시암

7. ARI & CHATUCHAK : 아리 & 짜뚜짝

8. PHRA KHANONG & BANG NA : 프라카농 & 방나

Map design Sulea Lee

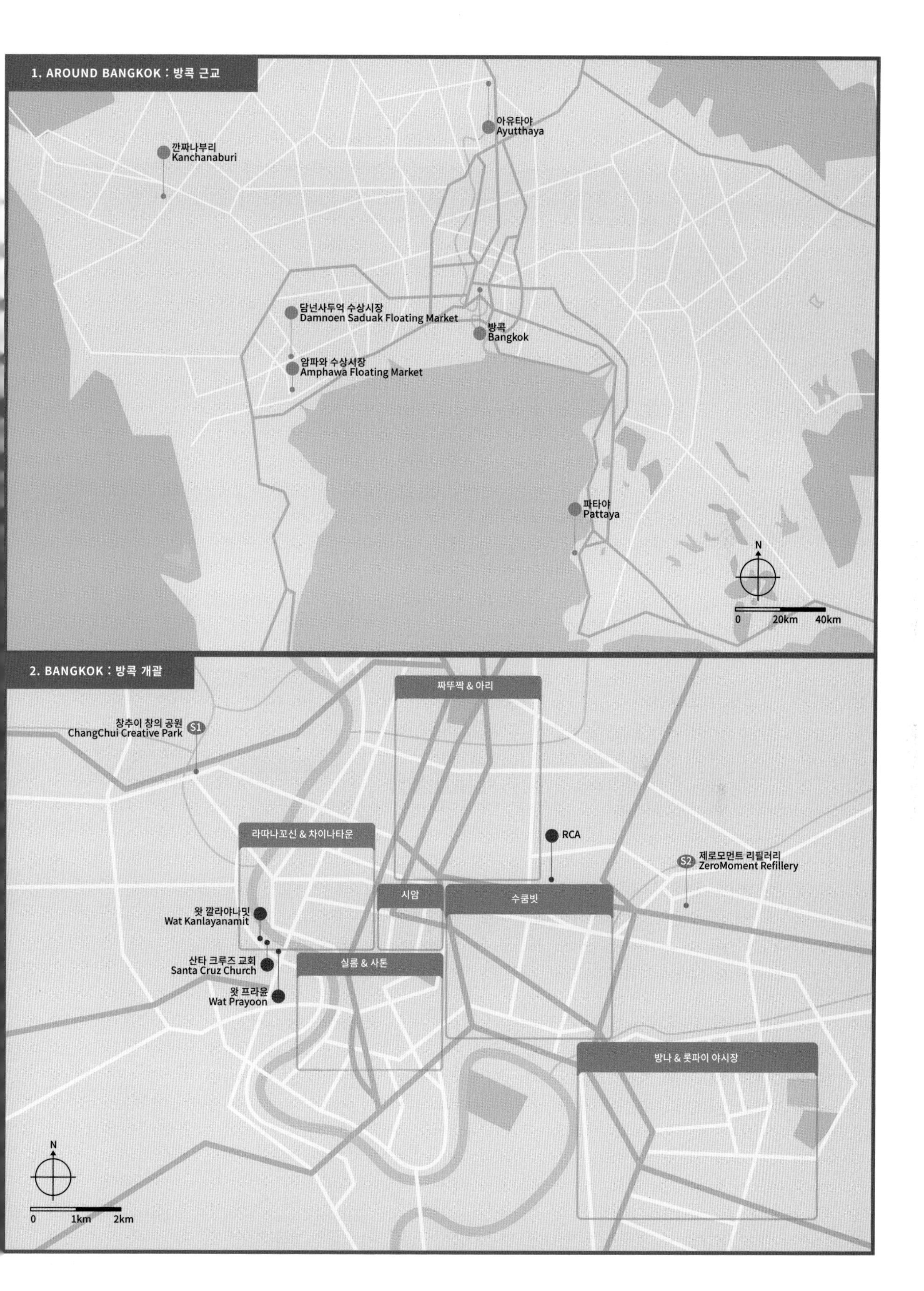
1. AROUND BANGKOK : 방콕 근교
아유타야
Ayutthaya
깐짜나부리
Kanchanaburi
담넌사두억 수상시장
Damnoen Saduak Floating Market
방콕
Bangkok
암파와 수상시장
Amphawa Floating Market
파타야
Pattaya
N
0
20km
40km
2. BANGKOK : 방콕 개괄
짜뚜짝 & 아리
창추이 창의 공원
ChangChui Creative Park
S1
라따나꼬신 & 차이나타운
RCA
S2
제로모먼트 리필러리
ZeroMoment Refillery
시암
수쿰빗
왓 깔라야나밋
Wat Kanlayanamit
산타 크루즈 교회
Santa Cruz Church
실롬 & 사톤
왓 프라윤
Wat Prayoon
방나 & 롯파이 야시장
N
0
1km
2km

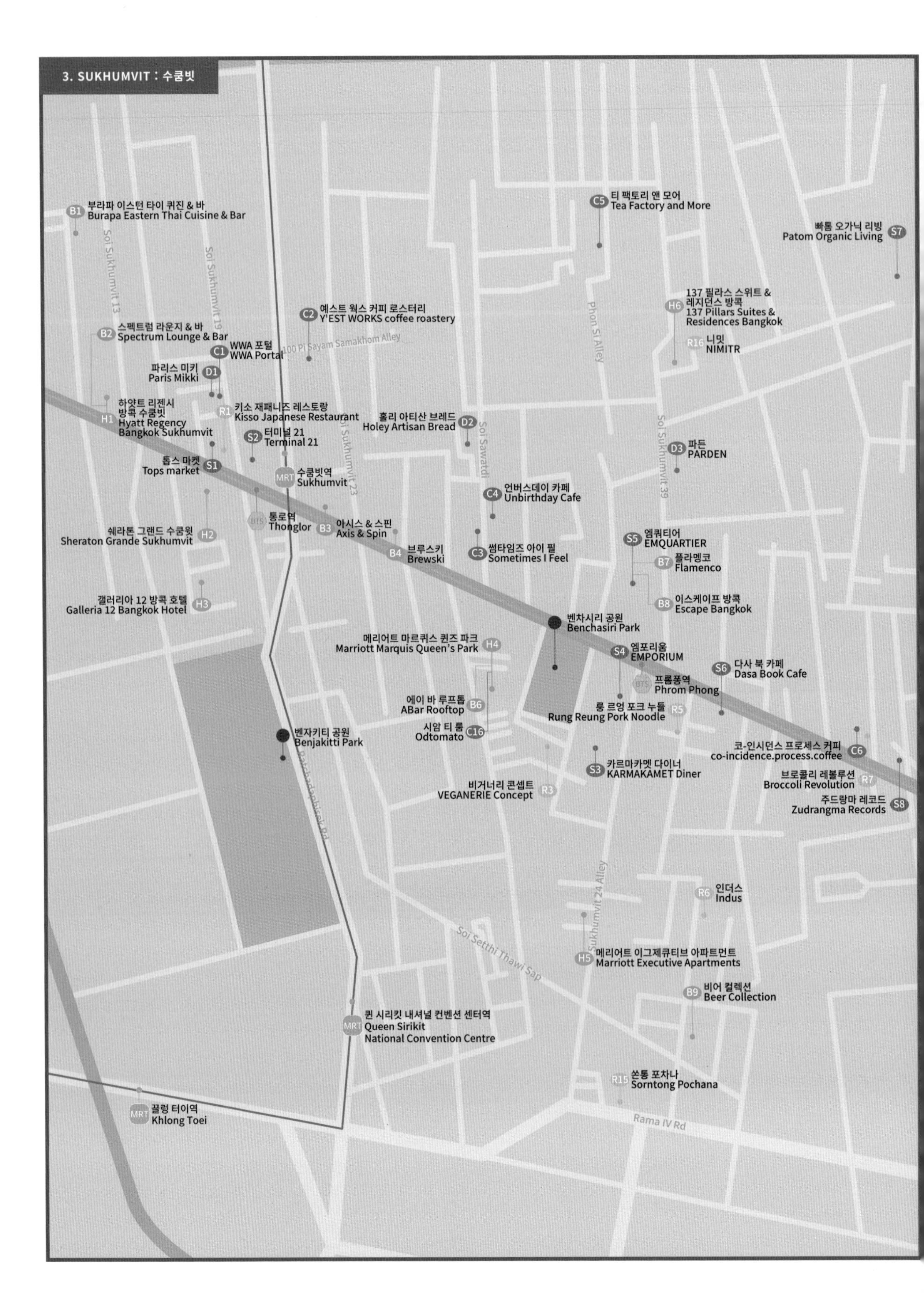

3. SUKHUMVIT : 수쿰빗
B1 부라파 이스턴 타이 퀴진 & 바
Burapa Eastern Thai Cuisine & Bar
Soi Sukhumvit 13
Soi Sukhumvit 19
C2 예스트 웍스 커피 로스터리
Y'EST WORKS coffee roastery
100 Pi Sayam Samakhom Alley
B2 스펙트럼 라운지 & 바
Spectrum Lounge & Bar
C1 WWA 포털
WWA Portal
파리스 미키
Paris Mikki D1
H1 하얏트 리젠시
방콕 수쿰빗
Hyatt Regency
Bangkok Sukhumvit
R1 키소 재패니즈 레스토랑
Kisso Japanese Restaurant
S2 터미널 21
Terminal 21
톱스 마켓
Tops market S1
MRT 수쿰빗역
Sukhumvit
Soi Sukhumvit 23
BTS 통로역
Thonglor
쉐라톤 그랜드 수쿰윗
Sheraton Grande Sukhumvit H2
B3 아시스 & 스핀
Axis & Spin
B4 브루스키
Brewski
갤러리아 12 방콕 호텔
Galleria 12 Bangkok Hotel H3
C5 티 팩토리 앤 모어
Tea Factory and More
빠톰 오가닉 리빙
Patom Organic Living S7
H6 137 필라스 스위트 &
레지던스 방콕
137 Pillars Suites &
Residences Bangkok
R16 니밋
NIMITR
Phon Si Alley
홀리 아티산 브레드
Holey Artisan Bread D2
Soi Sawatdi
Soi Sukhumvit 39
D3 파든
PARDEN
C4 언버스데이 카페
Unbirthday Cafe
C3 썸타임즈 아이 필
Sometimes I Feel
S5 엠쿼티어
EMQUARTIER
B7 플라멩코
Flamenco
B8 이스케이프 방콕
Escape Bangkok
벤차시리 공원
Benchasiri Park
메리어트 마르퀴스 퀸즈 파크
Marriott Marquis Queen's Park H4
S4 엠포리움
EMPORIUM
BTS 프롬퐁역
Phrom Phong
S6 다사 북 카페
Dasa Book Cafe
에이 바 루프톱
ABar Rooftop B6
룽 르엉 포크 누들
Rung Reung Pork Noodle R5
시암 티 룸
Odtomato C16
벤자키티 공원
Benjakitti Park
Ratchadaphisek Rd
코-인시던스 프로세스 커피
co-incidence.process.coffee C6
S3 카르마카멧 다이너
KARMAKAMET Diner
브로콜리 레볼루션
Broccoli Revolution R7
비거너리 콘셉트
VEGANERIE Concept R3
주드랑마 레코드
Zudrangma Records S8
R6 인더스
Indus
Sukhumvit 24 Alley
Soi Setthi Thawi Sap
H5 메리어트 이그제큐티브 아파트먼트
Marriott Executive Apartments
B9 비어 컬렉션
Beer Collection
MRT 퀸 시리킷 내셔널 컨벤션 센터역
Queen Sirikit
National Convention Centre
R15 쏜통 포차나
Sorntong Pochana
MRT 끌렁 터이역
Khlong Toei
Rama IV Rd

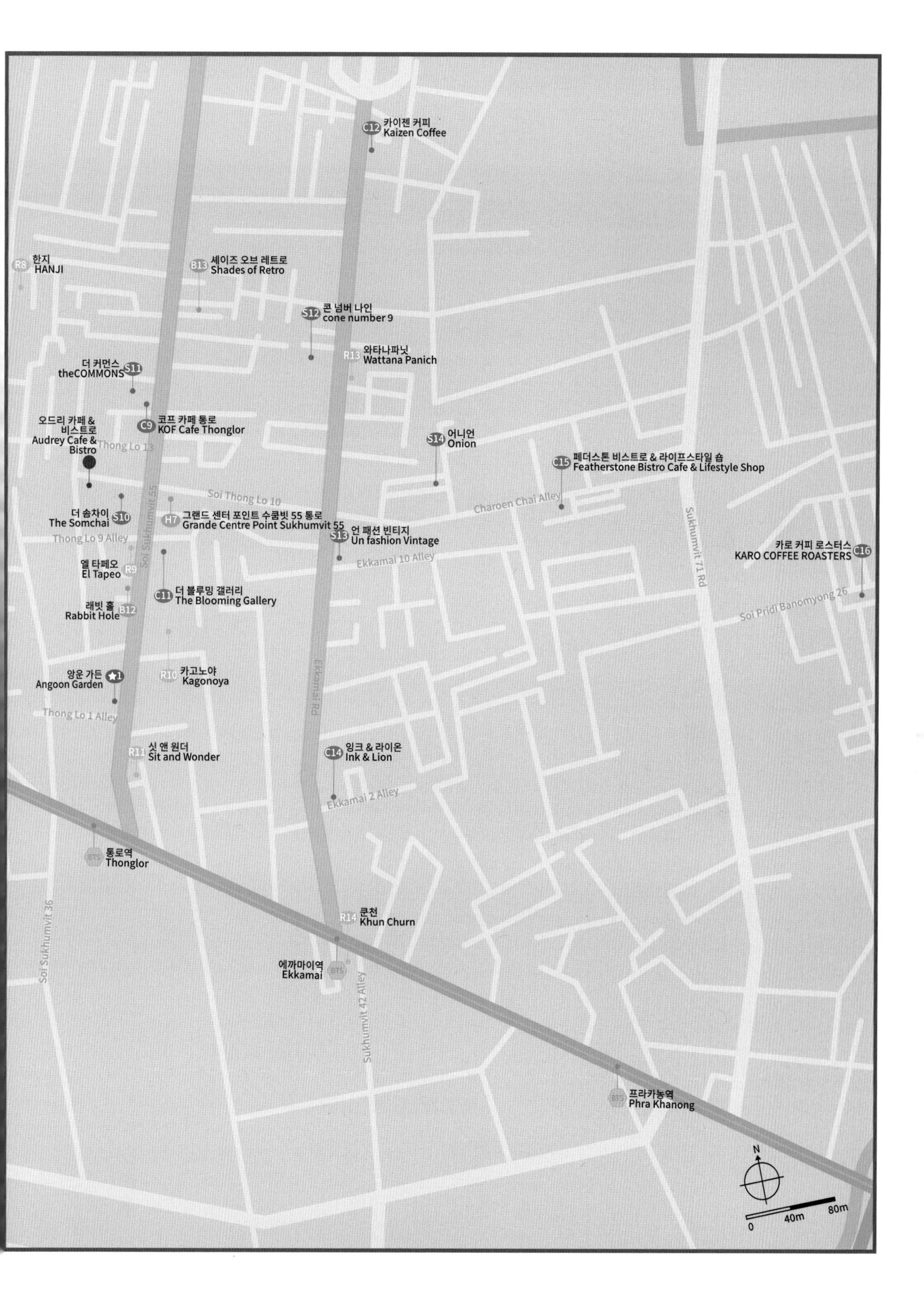

카이젠 커피
Kaizen Coffee
한지
HANJI
세이즈 오브 레트로
Shades of Retro
콘 넘버 나인
cone number 9
와타나파닛
Wattana Panich
더 커먼스
theCOMMONS
코프 카페 통로
KOF Cafe Thonglor
오드리 카페 & 비스트로
Audrey Cafe & Bistro
Thong Lo 13
어니언
Onion
페더스톤 비스트로 & 라이프스타일 숍
Featherstone Bistro Cafe & Lifestyle Shop
Soi Thong Lo 10
Charoen Chai Alley
더 솜차이
The Somchai
그랜드 센터 포인트 수쿰빗 55 통로
Grande Centre Point Sukhumvit 55
언 패션 빈티지
Un fashion Vintage
Thong Lo 9 Alley
Soi Sukhumvit 55
엘 타페오
El Tapeo
Ekkamai 10 Alley
카로 커피 로스터스
KARO COFFEE ROASTERS
Sukhumvit 71 Rd
더 블루밍 갤러리
The Blooming Gallery
래빗 홀
Rabbit Hole
Soi Pridi Banomyong 26
카고노야
Kagonoya
앙운 가든
Angoon Garden
Thong Lo 1 Alley
Ekkamai Rd
싯 앤 원더
Sit and Wonder
잉크 & 라이온
Ink & Lion
Ekkamai 2 Alley
통로역
Thonglor
쿤천
Khun Churn
Soi Sukhumvit 36
에까마이역
Ekkamai
Sukhumvit 42 Alley
프라카농역
Phra Khanong
N
0
40m
80m

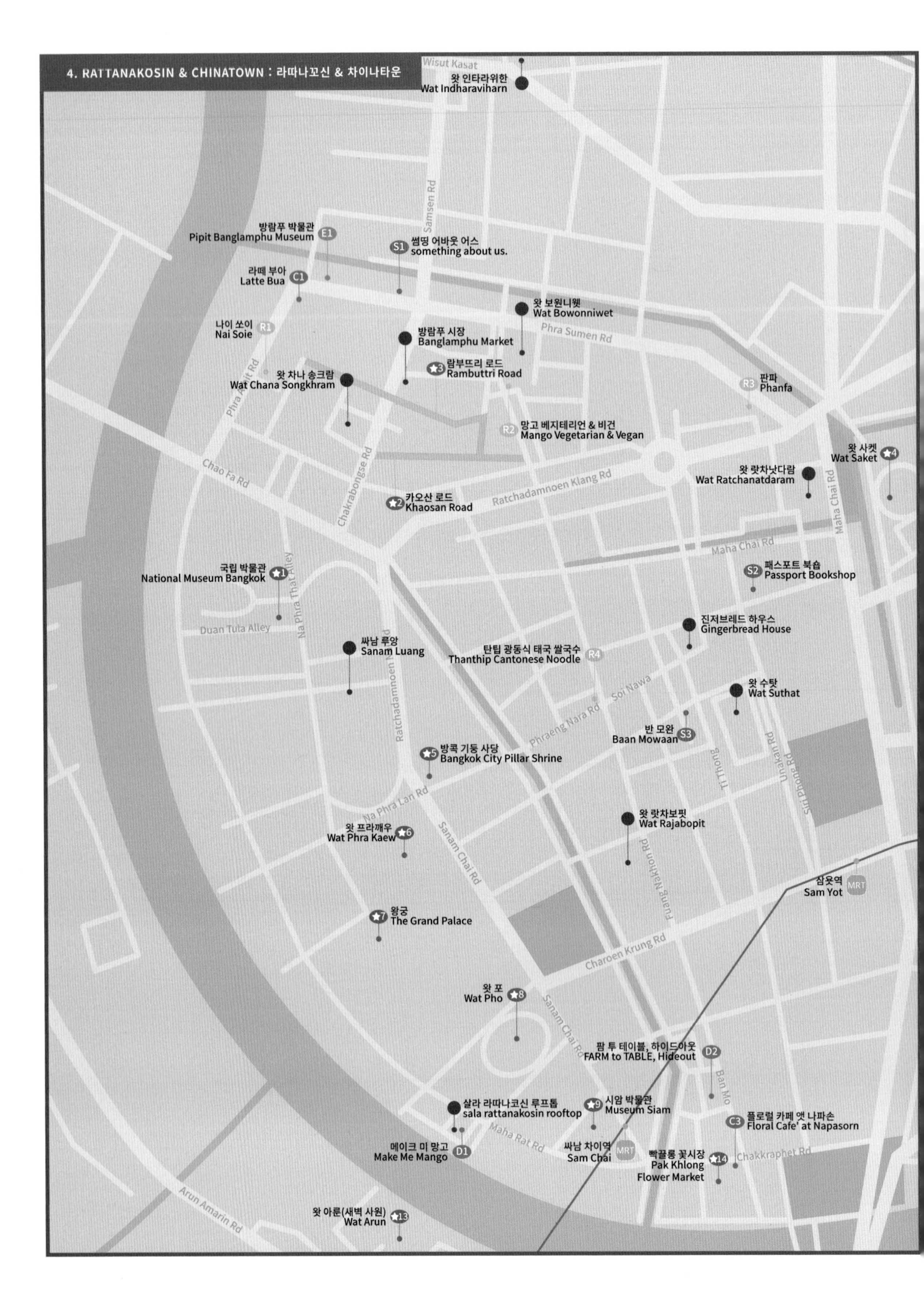
4. RATTANAKOSIN & CHINATOWN : 라따나꼬신 & 차이나타운
왓 인타라위한
Wat Indharaviharn
Wisut Kasat
방람푸 박물관
Pipit Banglamphu Museum E1
S1 썸띵 어바웃 어스
something about us.
라떼 부아
Latte Bua C1
왓 보원니웻
Wat Bowonniwet
Samsen Rd
나이 쏘이
Nai Soie R1
방람푸 시장
Banglamphu Market
Phra Sumen Rd
★3 람부뜨리 로드
Rambuttri Road
왓 차나 송크람
Wat Chana Songkhram
Phra Athit Rd
R3 판파
Phanfa
R2 망고 베지테리언 & 비건
Mango Vegetarian & Vegan
Chao Fa Rd
Chakrabongse Rd
Ratchadamnoen Klang Rd
왓 사켓
Wat Saket ★4
왓 랏차낫다람
Wat Ratchanatdaram
Maha Chai Rd
★2 카오산 로드
Khaosan Road
Maha Chai Rd
S2 패스포트 북숍
Passport Bookshop
국립 박물관
National Museum Bangkok ★1
Na Phra That Alley
Duan Tula Alley
진저브레드 하우스
Gingerbread House
싸남 루앙
Sanam Luang
탄팁 광동식 태국 쌀국수
Thanthip Cantonese Noodle R4
Ratchadamnoen Nai Rd
Soi Nawa
왓 수탓
Wat Suthat
Phraeng Nara Rd
반 모완
Baan Mowaan S3
★5 방콕 기둥 사당
Bangkok City Pillar Shrine
Ti Thong
Unakan Rd
Siri Phong Rd
Na Phra Lan Rd
왓 랏차보핏
Wat Rajabopit
왓 프라깨우
Wat Phra Kaew ★6
Sanam Chai Rd
Fuang Nakhon Rd
삼욧역
Sam Yot MRT
★7 왕궁
The Grand Palace
Charoen Krung Rd
왓 포
Wat Pho ★8
Sanam Chai Rd
팜 투 테이블, 하이드아웃
FARM to TABLE, Hideout D2
Ban Mo
살라 라따나코신 루프톱
sala rattanakosin rooftop
★9 시암 박물관
Museum Siam
C3 플로럴 카페 앳 나파손
Floral Cafe' at Napasorn
Maha Rat Rd
메이크 미 망고
Make Me Mango D1
싸남 차이역
Sam Chai MRT
빡끌롱 꽃시장
Pak Khlong
Flower Market ★14
Chakkraphet Rd
Arun Amarin Rd
왓 아룬(새벽 사원)
Wat Arun ★13

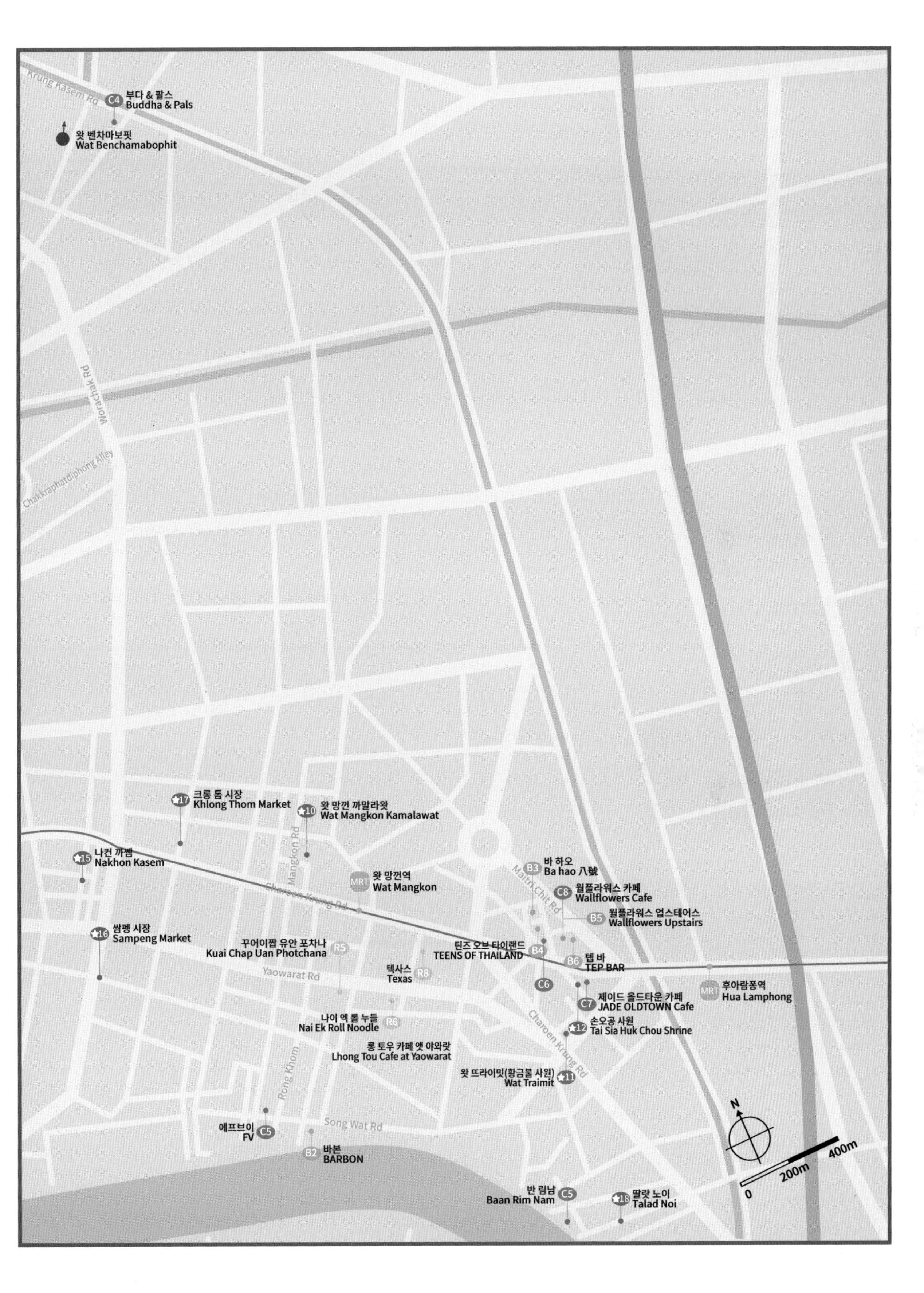
Krung Kasem Rd
C4 부다 & 팔스
Buddha & Pals
왓 벤차마보핏
Wat Benchamabophit
Worachak Rd
Chakkraphatdiphong Alley
17 크롱 톰 시장
Khlong Thom Market
10 왓 망껀 까말라왓
Wat Mangkon Kamalawat
15 나컨 까셈
Nakhon Kasem
Mangkon Rd
MRT 왓 망껀역
Wat Mangkon
Charoen Krung Rd
B3 바 하오
Ba hao 八號
Maitri Chit Rd
C8 월플라워스 카페
Wallflowers Cafe
B5 월플라워스 업스테어스
Wallflowers Upstairs
16 쌈펭 시장
Sampeng Market
꾸어이짭 유안 포차나
Kuai Chap Uan Photchana
R5
틴즈 오브 타이랜드
TEENS OF THAILAND
B4
B6 텝 바
TEP BAR
텍사스
Texas
R8
Yaowarat Rd
C6
MRT 후아람퐁역
Hua Lamphong
C7 제이드 올드타운 카페
JADE OLDTOWN Cafe
나이 엑 롤 누들
Nai Ek Roll Noodle
R6
12 손오공 사원
Tai Sia Huk Chou Shrine
롱 토우 카페 앳 야와랏
Lhong Tou Cafe at Yaowarat
Charoen Krung Rd
왓 뜨라이밋(황금불 사원)
Wat Traimit
11
Rong Khom
에프브이
FV
C5
Song Wat Rd
B2 바본
BARBON
N
0
200m
400m
반 림남
Baan Rim Nam
C5
18 딸랏 노이
Talad Noi

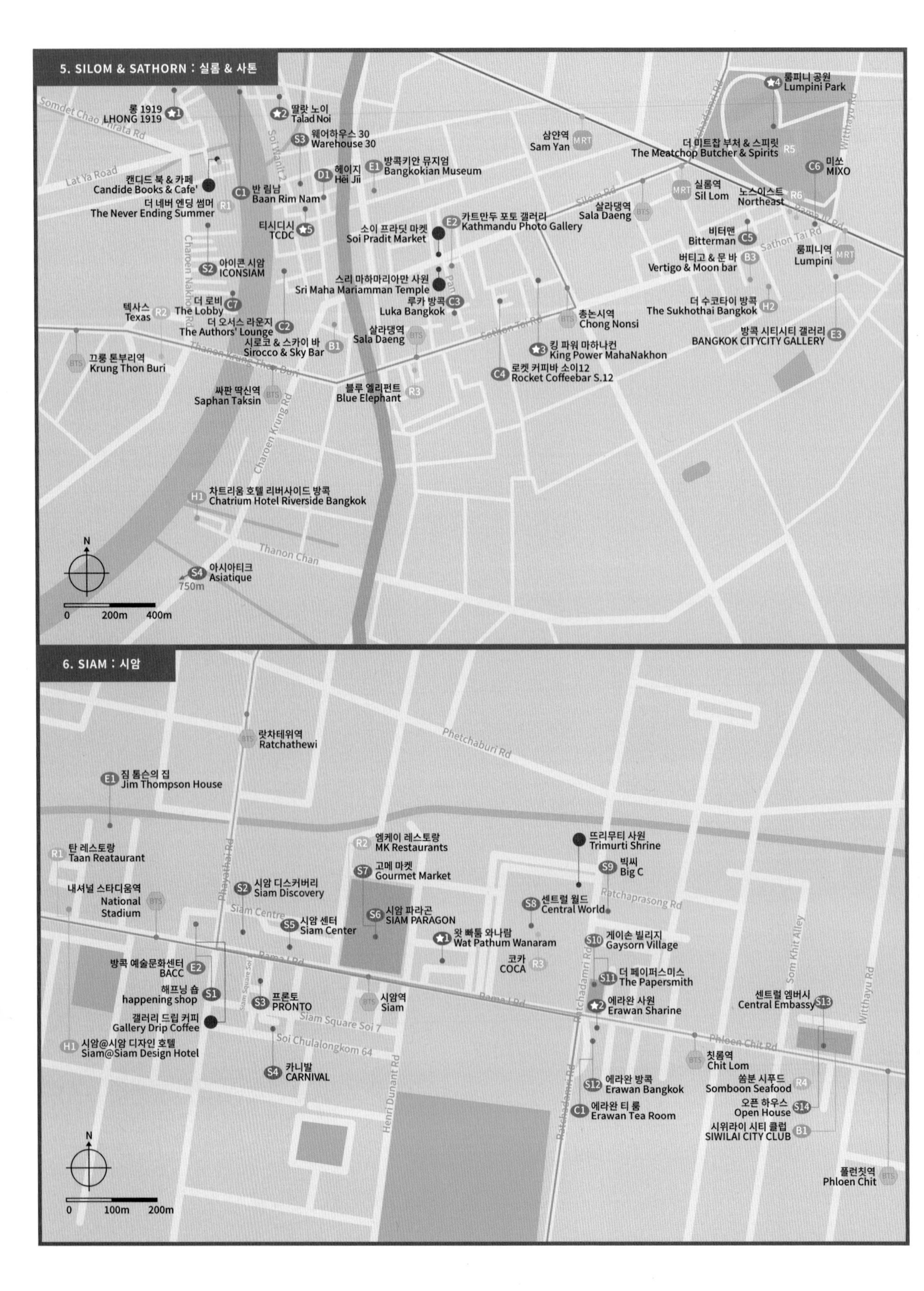

5. SILOM & SATHORN : 실롬 & 사톤
롱 1919 LHONG 1919
딸랏 노이 Talad Noi
웨어하우스 30 Warehouse 30
방콕키안 뮤지엄 Bangkokian Museum
헤이지 Hei Jii
캔디드 북 & 카페 Candide Books & Cafe'
반 림남 Baan Rim Nam
더 네버 엔딩 썸머 The Never Ending Summer
티시디시 TCDC
소이 프라딧 마켓 Soi Pradit Market
카트만두 포토 갤러리 Kathmandu Photo Gallery
아이콘 시암 ICONSIAM
스리 마하마리아만 사원 Sri Maha Mariamman Temple
더 로비 The Lobby
루카 방콕 Luka Bangkok
텍사스 Texas
더 오서스 라운지 The Authors' Lounge
시로코 & 스카이 바 Sirocco & Sky Bar
살라댕역 Sala Daeng
끄롱 톤부리역 Krung Thon Buri
싸판 딱신역 Saphan Taksin
블루 엘리펀트 Blue Elephant
삼얀역 Sam Yan
실롬역 Sil Lom
살라댕역 Sala Daeng
총논시역 Chong Nonsi
킹 파워 마하나컨 King Power MahaNakhon
로켓 커피바 소이12 Rocket Coffeebar S.12
룸피니 공원 Lumpini Park
더 미트찹 부처 & 스피릿 The Meatchop Butcher & Spirits
미쏘 MIXO
노스이스트 Northeast
비터맨 Bitterman
룸피니역 Lumpini
버티고 & 문 바 Vertigo & Moon bar
더 수코타이 방콕 The Sukhothai Bangkok
방콕 시티시티 갤러리 BANGKOK CITYCITY GALLERY
차트리움 호텔 리버사이드 방콕 Chatrium Hotel Riverside Bangkok
아시아티크 Asiatique
750m
Somdet Chao Phrata Rd
Lat Ya Road
Soi Wanit 2
Charoen Nakhon Rd
Thanon Krung Thon Buri
Charoen Krung Rd
Silom Rd
Sathon Tai Rd
Rama IV Rd
Witthayu Rd
Ratchadamri Rd
Thanon Chan
0 200m 400m
6. SIAM : 시암
랏차테위역 Ratchathewi
Phetchaburi Rd
짐 톰슨의 집 Jim Thompson House
탄 레스토랑 Taan Reatsurant
엠케이 레스토랑 MK Restaurants
뜨리무티 사원 Trimurti Shrine
빅씨 Big C
고메 마켓 Gourmet Market
내셔널 스타디움역 National Stadium
시암 디스커버리 Siam Discovery
센트럴 월드 Central World
Ratchaprasong Rd
시암 파라곤 SIAM PARAGON
시암 센터 Siam Center
왓 빠툼 와나람 Wat Pathum Wanaram
게이손 빌리지 Gaysorn Village
방콕 예술문화센터 BACC
코카 COCA
더 페이퍼스미스 The Papersmith
해프닝 숍 happening shop
프론토 PRONTO
시암역 Siam
에라완 사원 Erawan Sharine
센트럴 엠버시 Central Embassy
갤러리 드립 커피 Gallery Drip Coffee
시암@시암 디자인 호텔 Siam@Siam Design Hotel
칫롬역 Chit Lom
카니발 CARNIVAL
에라완 방콕 Erawan Bangkok
쏨분 시푸드 Somboon Seafood
오픈 하우스 Open House
에라완 티 룸 Erawan Tea Room
시위라이 시티 클럽 SIWILAI CITY CLUB
플런칫역 Phloen Chit
Phayathai Rd
Siam Centre
Rama I Rd
Siam Square Soi
Siam Square Soi 7
Soi Chulalongkorn 64
Henri Dunant Rd
Som Khit Alley
Witthayu Rd
Phloen Chit Rd
0 100m 200m

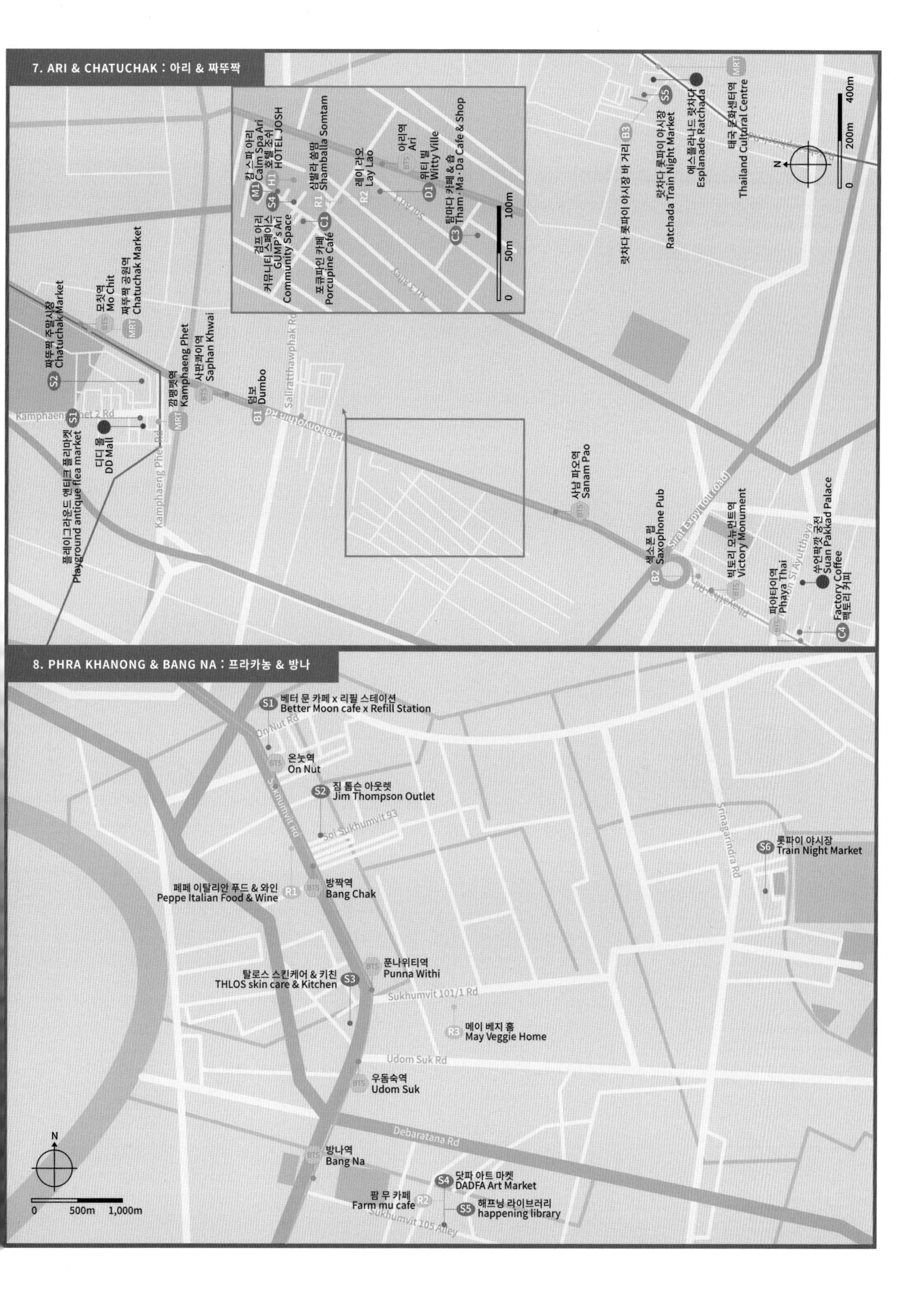

7. ARI & CHATUCHAK : 아리 & 짜뚜짝
M1 캄 스파 아리 Calm Spa Ari
H1 호텔 조쉬 HOTEL JOSH
S4 컴프 아리 커뮤니티 스페이스 GUMP's Ari Community Space
R1 삼발라 솜탐 Shamballa Somtam
C1 포큐파인 카페 Porcupine Café
R2 레이 라오 Lay Lao
아리역 Ari
D1 위티 빌 Witty Ville
C3 탐마다 카페 & 숍 Tham · Ma · Da Cafe & Shop
0 50m 100m
S2 짜뚜짝 주말시장 Chatuchak Market
모칫역 Mo Chit
짜뚜짝 공원역 Chatuchak Market
캄팽펫역 Kamphaeng Phet
사판콰이역 Saphan Khwai
B1 덤보 Dumbo
S1 플레이그라운드 앤티크 플리마켓 Playground antique flea market
디디 몰 DD Mall
Kamphaeng Phet 2 Rd
Kamphaeng Phet Rd
Saliratthawiphak Rd
Phahonyothin Rd
사남 파오역 Sanam Pao
B3 랏차다 롯파이 야시장 바 거리
S5 랏차다 롯파이 야시장 Ratchada Train Night Market
에스플라나드 랏차다 Esplanade Ratchada
태국 문화센터역 Thailand Cultural Centre
0 200m 400m
B2 색소폰 펍 Saxophone Pub
Sirat Expy (Toll road)
빅토리 모뉴먼트역 Victory Monument
파야타이역 Phaya Thai
쑤언팍깟 궁전 Suan Pakkad Palace
C4 팩토리 커피 Factory Coffee
Phaya Thai Rd
Si Ayutthaya
8. PHRA KHANONG & BANG NA : 프라카농 & 방나
S1 베터 문 카페 x 리필 스테이션 Better Moon cafe x Refill Station
On Nut Rd
온눗역 On Nut
S2 짐 톰슨 아웃렛 Jim Thompson Outlet
Soi Sukhumvit 93
Sukhumvit Rd
R1 페페 이탈리안 푸드 & 와인 Peppe Italian Food & Wine
방짝역 Bang Chak
S3 탈로스 스킨케어 & 키친 THLOS skin care & Kitchen
푼나위티역 Punna Withi
Sukhumvit 101/1 Rd
R3 메이 베지 홈 May Veggie Home
Udom Suk Rd
우돔숙역 Udom Suk
Debaratana Rd
방나역 Bang Na
S4 닷파 아트 마켓 DADFA Art Market
R2 팜 무 카페 Farm mu cafe
S5 해프닝 라이브러리 happening library
Sukhumvit 105 Alley
Srinagarindra Rd
S6 롯파이 야시장 Train Night Market
0 500m 1,000m

Writer
이지앤북스 편집팀

Publisher
송민지 Minji Song

Managing Director
한창수 Changsoo Han

Editor
이혜수 Hyesoo Lee

Designer
나윤정 Yoonjung Na

Illustrators
김조이 kimjoy
이설이 Sulea Lee

Marketing & PR
양문규 Moonkyu Yang

Publishing
도서출판 피그마리온

Brand
easy&books
easy&books는 도서출판 피그마리온의 여행 출판 브랜드입니다.

※ 영업시간 상시 변경 가능 / 여행 일정에 따라 재확인 요망

Tripful

Issue No.17

ISBN 979-11-91657-29-6
ISBN 979-11-85831-30-5(세트)
ISSN 2636-1469
등록번호 제313-2011-71호 등록일자 2009년 1월 9일
초판 1쇄 발행일 2020년 1월 20일
개정판 1쇄 발행일 2024년 4월 18일

서울시 영등포구 선유로 55길 11, 4층 TEL 02-516-3923
www.easyand.co.kr

트래블 콘텐츠 크리에이티브 그룹 이지앤북스는
2001년 창간한 <이지 유럽>을 비롯해, <트립풀> 시리즈 등
북 콘텐츠를 메인으로 다양한 여행 콘텐츠를 선보입니다.
또한, 작가, 일러스트레이터 등과의 협업을 통해 여행 콘텐츠
시장의 선순환 구조를 만드는 데 이바지하고 있습니다.

www.easyand.co.kr
www.instagram.com/easyandbooks
blog.naver.com/pygmalionpub

SERMSUK
วัดท่าไม้
เติมสุขทุกโอกา

大
金
行
利
興
大
金
行
SUZUKI
TESCO
Lotus

ห้าม
ให้อาหารนกพิราบโดยเด็ดขาด
DO NOT FEED THE PIGEON
Thank you : ขอบคุณค่ะ

ห้าม
จอดหรือขับขี่
รถยนต์ รถจักรยานยนต์
บนทางเท้า